DES CARACTERES

EXTERIEURS

DES MINÉRAUX.

DES CARACTERES

EXTERIEURS

DES MINÉRAUX,

OU

REPONSE A CETTE QUESTION:

Existe-t-il dans les Substances du Règne Minéral des Caractères qu'on puisse regarder comme spécifiques ; & au cas qu'il en existe, quels sont ces Caractères ?

Avec un apperçu des différens Systêmes lithologiques qui ont paru depuis BROMEL jusqu'à présent.

SUIVI

De deux Tableaux synoptiques des Substances pierreuses et métalliques, pour servir de suite à la CRISTALLOGRAPHIE.

Par M. DE ROMÉ DE L'ISLE, des Académies Royales des Sciences de Berlin, Stockholm, etc.

A PARIS,

Chez
{ l'AUTEUR, rue neuve des Bons Enfans, n°. 10.
{ DIDOT jeune, Imprimeur-Libraire, quai des Augustins.
{ BARROIS le jeune, Libraire, rue du Hurepoix.

M. DCC. LXXXIV.

AVEC APPROBATION, ET PRIVILEGE DU ROI.

DES CARACTÈRES

EXTÉRIEURS

DES MINÉRAUX;

OU

Réponfe à cette queftion : *Exifte-t-il dans les fubftances du règne minéral des caractères qu'on puiffe regarder comme fpécifiques* (1) ; *& au cas qu'il en exifte, quels font ces caractères ?*

———

Tous les corps qui fe préfentent à la furface, ou qui compofent la partie folide du globe que nous habitons, viennent fe

———

(1) Un Profeffeur d'Hiftoire Naturelle , juftement célèbre par fes profonde connoiffances en anatomie ,

A

ranger fous trois grandes claffes auxquelles
on a donné les noms de Regne animal,
Regne végétal, & Regne minéral.

Les deux premières de ces grandes di-
vifions renferment les fubftances pourvues
d'organes propres à fe développer par in-
tuffufception, & ces organes non déve-
loppés réfident dans des Germes où la
main de l'Éternel a imprimé le caractère
propre à chaque efpèce.

---

répète tous les jours à fes éleves, « qu'il n'y a point
« d'individus, *et par conféquent* point d'especes,
« *parmi les minéraux, mais feulement des variétés dont*
« *la collection peut compofer différentes* sortes *de*
« *minéraux.* » Ces affertions ont déjà paffé dans quelques traités élémentaires de Minéralogie, & méritoient
d'autant mieux d'être approfondies, qu'elles fervent
de bafe à une *Diftribution méthodique des Minéraux,*
qui de toutes celles qui ont pour bafe les caractères
extérieurs de ces fubftances, eft, dit-on, « la plus
« parfaite, la plus aifée à entendre & à faifir, *celle*
« *qui femble fe rapprocher le plus de la nature ;* en
« un mot, celle qui doit être adoptée & préférée par
« tout Naturalifte qui veut connoître parfaitement les
« corps du règne minéral, fans remonter jufqu'à leurs
principes conftituans. » *Introduction au Manuel du*
Minéralogifte, par M. Mongez le jeune, p. lxxx.

Il n'en eſt pas ainſi dans le règne minéral. Les *ſels*, les *pierres*, de même que
les *ſubſtances inflammables* & *métalliques*,
n'ont rien qui puiſſe offrir l'idée de germes,
ni celle d'organes intérieurs. Tous les produits de ce règne ſont au contraire le réſultat du rapprochement & de la combinaiſon de molécules élémentaires dont la
tendance à l'union eſt d'autant plus forte,
que ces molécules ſont plus ſimples &
plus atténuées.

Mais comme dans la plupart des compoſés & des ſurcompoſés, ces molécules
admettent dans leurs interſtices des molécules d'un autre genre, ſouvent très-
différentes entr'elles, il ſembleroit au
premier coup-d'œil que, dans le règne
minéral, il exiſte une eſpèce de confuſion,
de mélange de principes qui s'oppoſe à
l'établiſſement d'une méthode fondée ſur
des caractères conſtans, invariables & véritablement diſtinctifs.

Examinons cependant ſi ce mélange,
cette confuſion de principes, ſont tels qu'il
faille abſolument renoncer à connoître & à

distinguer les substances dont nous parlons, autrement que par l'analyse ou la désunion de leurs principes constituans, soit par la voie humide, soit par la voie sèche.

D'abord on conviendra sans peine que s'il existe des substances très-mélangées dans le règne minéral, toutes ne le sont point au même dégré, & qu'il en est même de parfaitement *homogènes*, c'est-à-dire, qui sont exemptes de toute combinaison étrangère à celle qui les constitue ce qu'elles sont.

Or s'il est des caractères qu'on puisse regarder comme distinctifs dans le règne minéral, ce sont incontestablement ceux qui appartiennent aux substances homogènes, puisque les PROPRIÉTÉS d'une telle substance ne sont point altérées ni modifiées par la présence d'aucune autre substance étrangère à sa composition.

On sent qu'il n'est point ici question des propriétés qui appartiennent à la matière en général, telles que l'*étendue*, la *mobilité*, l'*impénétrabilité*, la *pesanteur absolue*, &c. mais seulement de celles de ces propriétés qui tiennent à la physique particulière, & dont l'existence n'a de durée dans les corps qu'autant que leur combinaison subsiste : telles sont la *forme extérieure*, la *pesanteur relative* ou *spécifique*, la *dureté*, la *transparence* ou l'*opacité*, la *saveur*, l'*odeur*, la *couleur*, &c.

Ces différentes propriétés ne sont pas également essentielles à tous les corps du règne minéral : la *saveur*, par exemple, convient particulièrement aux substances salines rendues solubles par l'eau qui est entrée dans leur composition ; l'*odeur* appartient davantage aux substances inflammables, & la *couleur* aux matières métalliques ou phlogistiquées. Ces dernières sont communément *opaques*, tandis que les sels & les pierres sont presque toujours *diaphanes* dans leur état d'homogénéité parfaite.

Mais comme il y a des pierres *opaques* & *colorées*, des substances salines insolubles & conséquemment sans *saveur*, des minéraux *diaphanes* & sans *couleur*, il est évident que les caractères tirés de ces dernières propriétés, ne font ni affez tranchans, ni affez univerfels pour mériter d'être indiqués comme primitifs & vraiment diftinctifs dans la plupart des fubftances qui nous les offrent.

On n'en peut pas dire autant des caractères tirés de la *forme*, de la *pefanteur* & de la *dureté* fpécifiques ; ces propriétés convenant, fans exception, à toutes les fubftances falines, pierreufes, inflammables & métalliques, font très-certainement le réfultat le plus immédiat de cette grande loi de la Nature, en vertu de laquelle les principes élémentaires, tout hétérogènes qu'ils font entr'eux, tendent à s'unir & à fe combiner pour former des *Mixtes*, des *Compofés* & même des *Surcompofés* différens, fuivant la nature, le nombre & la proportion des principes qui concourent à cette formation.

J'ai démontré dans l'introduction que j'ai mife à la tête de ma Criftallographie, que tous les Compofés & Surcompofés du règne minéral, malgré l'hétérogénéité des principes qui les conftituent, ont avec leurs congénères l'*homogénéité* qui réfulte d'une même combinaifon , d'une même denfité , d'une même configuration. S'il arrive , par exemple , qu'un nombre plus ou moins grand de différens fels , de différentes pierres , de différentes fubftances métalliques , fe trouvent, à l'aide d'un ou de plufieurs intermèdes , en diffolution dans un même fluide , leurs molécules tendront généralement à s'agréger, à fe réunir chacune à celle qui lui eft homogène (1) ; & felon les divers dégrés

----

(1) M. Pelletier , l'un des Chimiftes françois qui a fuivi de plus près les phénomènes de la criftallifation des fubftances falines , nous fait obferver dans un Mémoire qu'il vient de publier fur *La Criftallifation des Sels déliquefcens* , qu'il y a non-feulement une attraction confidérable des molécules falines fimilaires , mais que cette attraction eft même fi forte qu'une molécule faline peut déplacer un corps pour aller s'unir à une autre molécule faline de la même efpèce. » Voici , « dit-il , un fait que j'ai obfervé. J'avois mis dans « une diffolution d'alun de l'argile détrempée ; ayant « abandonné ce mélange à une évaporation infenfible , « & ayant décanté la liqueur , je fus furpris de ne « point voir des criftaux. Le vaiffeau fut encore aban- « donné , & l'argile peu à peu s'y defsécha ; ayant

d'affinité (1) qu'elles auront avec le dif-
folvant commun, elles formeront plus ou

« alors coupé par morceaux cette argile, je trouvai
« dans l'intérieur des criftaux d'alun très-gros & très-
« réguliers. Les uns étoient tranfparens, d'autres con-
« tenoient des molécules d'argile affez groffes. Ces
« criftaux d'alun n'ont pu fe former qu'en déplaçant
« les molécules d'argile qui devoient fe toucher, puif-
« qu'elles étoient dans un état de fluidité, & certai-
« nement il n'y avoit point entr'elles un intervalle
« de la groffeur d'un pois, qu'avoient les criftaux
« d'alun. Il y a donc, dans la criftallifation, une at-
« traction de molécules affez forte pour déplacer les
« corps qui fe trouvent à leur rencontre. Quand au
« contraire la force n'eft pas affez grande, alors le
« criftal fe forme, & le corps étranger fe trouve dans
« l'intérieur du criftal. Ce phénomène nous donne une
« idée de la manière dont fe font formés les criftaux
« gypfeux, qu'on trouve dans les couches d'argile,
« tels qu'on les rencontre aux environs de Paris. Il
« eft à préfumer que l'argile fe trouvoit délayée dans
« une eau féléniteufe, & que les criftaux s'y font
« formés par l'évaporation de l'eau qui tenoit la fé-
« lénite en diffolution. » Journal de Phyfique, fep-
tembre 1784, p. 213.

(1) Ce font ces divers dégrés d'affinité que le célèbre Bergman a défignés fous le nom d'*attractions
électives*, & dont il a préfenté l'intéreffant tableau
dans une differtation très-favante fur ces fortes d'attractions. Dire qu'elles font *électives* ou qu'elles agiffent

moins rapidement des maſſes criſtallines particulières , qui ſe précipiteront ſuccefſivement, à meſure qu'elles ceſſeront d'être équipondérables avec le fluide , de manière que chaque eſpèce de *ſel* , de *pierre* , ou de *minéral*, ſera *très-diſtincte de celle qui lui eſt hétérogène*. Delà ces maſſes mélangées de différens criſtaux , ſouvent contenus les uns dans les autres , & que la Nature nous préſente , depuis la ſimple géode & les groupes de toute eſpèce qui tapiſſent les cavités des filons , juſqu'à ces énormes maſſes granitiques qui ſervent de baſe à nos continens (1).

Les corps homogènes de la même eſpèce feront donc ceux *qui admettront dans leur compoſition non-ſeulement les mêmes principes conſtituans , mais encore une quan-*

d'après les forces & les figures des molécules élémentaires diſſoutes , n'eſt-ce pas dire que les lois de ces attractions particulières ne peuvent ſe concilier avec les lois de l'attraction prétendue univerſelle , qui ſelon le grand Newton , n'agit qu'en raiſon directe des maſſes & inverſe du quarré des diſtances ?

(1) Criſtallogr. Introd. p. 38 & ſuiv.

tité déterminée de ces mêmes principes. D'où réfulte, 1°. une forme criftalline particulière avec certains angles déterminés, conftamment les mêmes dans chaque efpèce; 2°. une pefanteur ou gravité fpécifique proportionnée au nombre & à la nature des principes qui font entrés dans le compofé; 3°. une dureté également proportionnelle à l'intimité du contact & à l'affinité plus ou moins grande qu'ont entr'elles les molécules intégrantes de ce compofé.

Ces trois propriétés, étant le réfultat néceffaire de telle ou telle combinaifon, feront en conféquence invariables & conftantes *dans tous les corps homogènes de la même efpèce;* elles peuvent & doivent donc fervir à les caractérifer, dans les cas même où nous ignorerions la nature, le nombre & les proportions des principes conftituans de ces mêmes corps.

Quelles font donc les raifons qui peuvent empêcher d'admettre ces caractères comme *fpécifiques* & véritablement *diftinctifs,* s'il eft vrai qu'ils appartiennent à tous les

individus homogènes de la même espèce?
» C'est, dit-on, qu'ils ne font point ex-
» clufifs, la même forme criftalline, par
» exemple , pouvant appartenir à des
» fubftances très-différentes entr'elles ,
» tandis que cette forme varie prefqu'à
» l'infini dans celles qui réfultent des
» mêmes principes conftituans & qui con-
» féquemment font de la même efpèce. «
Cette objection eft fpécieufe au premier
coup-d'œil, car on ne peut difconvenir
que la même forme criftalline, le *cube* ou
l'*octaèdre*, par exemple, ne fe trouve en
même temps dans des fubftances falines,
pierreufes & métalliques qui n'ont rien de
commun entr'elles que cette feule propriété ; mais tout ce que l'on doit conclure de cette obfervation , c'eft que la
forme criftalline feule eft infuffifante pour
déterminer la nature & l'efpèce des fubftances où elle fe rencontre. On en peut
dire autant des deux autres propriétés
effentielles à ces mêmes corps, je veux
dire la *pefanteur* & la *dureté fpécifiques* :
ni l'une ni l'autre de ces propriétés , con-

fidérée feule, n'eft fuffifante pour caractérifer la fubftance où elle réfide, par la
raifon que ces deux propriétés peuvent
exifter au même dégré dans des fubftances
d'ailleurs très-différentes entr'elles.

Mais en convenant que les trois propriétés effentielles dont nous venons de
parler, prifes féparément, font infuffi-
fantes pour déterminer le caractère fpécifique des fubftances homogènes du règne
minéral; il n'en fera plus de même, fi on
les fait concourir toutes enfemble à l'éta-
bliffement de ce caractère, parce qu'en
effet *il n'exifte point dans la Nature aeux
fubftances intrinféquement différentes, qui
aient en même temps la même forme criftalline, la même pefanteur & la même dureté
fpécifiques.*

Prenons pour exemple l'octaèdre à plans
triangulaires équilatéraux, que je choifis
de préférence, parce qu'il convient également à un plus grand nombre de fubftances,
tant dans la claffe des fels folubles, que
dans celles des pierres & des matières
métalliques.

Il fuffira de citer dans les fels qui nous préfentent cette forme, l'*alun*, le *nitre de Saturne* & le *fel marin des urines*.

La même forme n'appartient dans les pierres, dans celles du moins qui nous font connues, qu'au *fpath fluor*, au *diamant* & au *rubis fpinelle*. Enfin parmi les fub-ftances métalliques nous la retrouvons dans l'*arfenic*, le *fer*, l'*argent*, l'*or* & plufieurs autres.

Si l'on s'arrêtoit à la feule forme crif-talline pour caractérifer les efpèces, il eft évident qu'il faudroit faire ici l'affociation bizarre des fubftances les plus difparates; mais fi l'on y joint la confidération des autres propriétés diftinctives de ces fub-ftances, on reconnoîtra bientôt que la *faveur* & la *folubilité dans l'eau* rappellent les trois premières à la claffe des *fels* : que l'*infolubilité dans l'eau* jointe à la *tranf-parence*, excluent les trois fuivantes de la claffe des fels & de celle des fubftances métalliques, pour leur donner place parmi les fubftances que nous appelons *pierres* ; enfin que l'*infolubilité*, l'*opacité*, jointes

à une pefanteur fpécifique très - confidérable, ne permettent de ranger les
dernières que parmi les fubfiances métalliques.

Si nous confidérons préfentement chacun des trois fels en particulier ; nous
reconnoîtrons dans l’*alun*, dans le *fel marin
des urines* & dans le *nitre de Saturne*, autant
de faveurs particulières très-diftinctes qui
jointes à la pefanteur fpécifique, non moins
différente de ces trois fels, ne permettent
pas, malgré leur identité de forme, de
les confondre en une feule & même efpèce;
& fi le *fel marin des urines* fe trouve avoir
précifément la faveur du *fel marin ordi-
naire*, qui, comme l’on fait, criftallife en
cubes, c’eft qu’il eft de la même efpèce,
c’eft-à-dire, compofé des mêmes principes
conftituans, l’acide & l’alkali marins : l’octaèdre n’eft donc ici, comme dans plufieurs
autres fubftances du règne minéral, qu’une
fimple modification de la forme cubique,
ainfi que je l’ai démontré page 97 du premier volume de ma Criftallographie.

En faifant ainfi concourir avec la forme

criftalline, la faveur, la pefanteur fpécifique & les autres propriétés diftinctives
des trois fels dont il s'agit ; je reconnois
qu'ils conftituent trois efpèces bien dif-
tinctes. En effet, l'*alun* compofé d'acide
vitriolique & d'une terre très-particulière-
ment modifiée, qu'on appelle *alumineufe*,
vient fe ranger dans le genre des fels neutres
vitrioliques, & y conftitue cette efpèce
de vitriol à bafe terreufe qu'on emploie
dans la teinture & dans différents arts.
Le *nitre de Saturne* ou de *plomb*, appartient au genre des fels nitreux ; enfin, le
fel marin des urines eft une fimple variété
de notre *fel commun*, qui conftitue une
efpèce particulière dans le genre des *fels
muriatiques* ou *marins*.

Examinons, d'après les mêmes principes,
les trois fubftances infolubles dans l'eau,
que leur tranfparence plus ou moins parfaite nous a fait exclure de la claffe des
fubftances métalliques, comme leur infolubilité dans l'eau les éloigne des fels
qui y font folubles. Le *fpath fluor* eft le
feul dont les principes conftituans nous

foient connus , & que nous puiffions , au moins fuivant M. Scheele , régénérer par la fynthèfe. Ces principes font un acide particulier auquel on a donné le nom d'*acide fluorique*, combiné jufqu'à faturation parfaite avec la terre particulière qui, dans un autre compofé, fert de bafe au fpath calcaire. La fubftance falino-pierreufe infoluble dans l'eau, que nous défignons fous les noms de *fpath fluor*, de *fpath fufible*, &c., conftitue donc une efpèce particulière dans le genre des compofés, où l'acide fluorique entre comme principe conftituant; & cette efpèce eft très-diftincte, 1°. *par fa forme octaèdre ou cubique*, (ces deux formes, comme je l'ai dit ailleurs, étant inverfes l'une de l'autre). 2°. Par fa gravité fpécifique, qui eft à celle de l'eau diftillée, dans le rapport de 31 à 10. 3°. Par fa dureté fpécifique, qui eft à celle du diamant à peu près comme 7 eft à 20. On peut encore y faire entrer la manière dont ce fpath fe comporte avec les acides, & les autres propriétés diftinctives que l'analyfe nous y a fait reconnoître ; mais les trois premières, prises enfemble, fuffifent pour empêcher de la confondre avec toute autre fubftance du règne minéral : car en fuppofant qu'il y ait dans la Nature quelqu'autre corps qui ait la même gravité fpécifique que le fpath fufible, ce corps fuppofé n'aura point alors la même forme criftalline, ou la même dureté ; ou s'il en a la dureté, il en différera par la forme, ou par la gravité fpécifique, ou par quelqu'autre propriété.

Quant au *diamant* & au *rubis fpinelle*, leurs principes conftituans nous font encore inconnus, comme le prouve notre impuiffance à régénérer ces gemmes par la fynthèfe ; nous fommes néanmoins fondés à confidérer ces deux corps diaphanes comme des combinaifons très-parfaites, mais très-différentes l'une de l'autre & encore plus de l'efpèce de fpath dont nous venons de parler, quoique la forme criftalline de ces trois pierres foit à peu près identique (1).

______

(1) Je dis *à peu près* identique, par la raifon que les trois octaèdres aluminiformes du *fpath fluor*, du

La première différence que nous y ob-
servons, est la pesanteur spécifique que
nous avons vue dans le *spath fluor* être à

---

diamant, & du *rubis spinelle*, paroissent différer dans
la forme de leurs molécules intégrantes, ou du moins
dans la manière dont ces molécules se réunissent entre
elles. En effet les octaèdres du diamant & du rubis
spinelle, ne sont jamais tronqués dans leurs six angles
solides par de petits plans rectangulaires, ce qui arrive fréquemment à l'octaèdre du spath fluor, & indique dans ce spath un passage à la forme cubique,
sous laquelle il est plus commun encore de le rencontrer ; tandis que le diamant se modifie communément en dodécaèdre à plans rhombes, par la juxta-
position de lames triangulaires équilatérales toujours
décroissantes sur les huit faces de l'octaèdre primitif;
propriété qu'on n'observe ni dans le spath fluor, ni
dans le rubis spinelle. L'octaèdre de ce dernier se
présente aussi très-souvent avec des troncatures li-
néaires hexagones sur les douze arêtes de l'octaèdre,
ce qui sembleroit indiquer un passage à la forme dodécaèdre ; cependant je dois dire que dans la grande
quantité que j'ai vue de gemmes de cette espèce, je
n'ai point remarqué que ces troncatures allassent jamais jusqu'à faire disparoître les huit plans triangulaires
équilatéraux , comme dans le diamant. La forme octaèdre de ce rubis tend plutôt à se rapprocher du té-
traèdre régulier, (voy. *Cristall. vol. II*, *p.*227, *var.* 5.)
ou à se groupper en *macles*, (*ibid. var.* 7.) ce qui ne
s'observe ni dans le spath fluor, ni dans le diamant.

celle de l'eau, comme 31 eſt à 10; dans le diamant, cette peſanteur eſt à l'eau comme 35, & dans l'eſpèce de rubis dont il s'agit, comme 37 eſt à 10 : ce qui, pour le dire en paſſant, prouve non-ſeulement que ces trois pierres diffèrent entre elles, mais encore que le *rubis octaèdre* eſt une gemme intrinſéquement différente du *rubis d'orient*, puiſque dans ce dernier la peſanteur ſpécifique eſt à celle de l'eau comme 42 eſt à 10.

Si à ces différences tirées de la gravité ſpécifique, nous joignons celles qui réſultent de la dureté comparée de ces ſubſtances pierreuſes, nous trouverons que celle du *diamant*, la plus dure de toutes les pierres, étant ſuppoſée 20, celle du *rubis ſpinelle* eſt comme 15, tandis que celle du ſpath fluor ne s'élève point au-delà de 7; dès lors, quelle que puiſſe être la nature des molécules élémentaires de ces trois compoſés, il eſt certain qu'ils conſtituent des eſpèces bien diſtinctes, que l'identité apparente de forme criſtalline ne peut faire confondre entr'elles, ni avec aucune des fubftances falines ou métalliques douées de cette même forme octaèdre à plans triangulaires équilatéraux.

Il eſt vrai que tant que nous ignorerons quels font les vrais principes du diamant & du rubis fpinelle, nous ne pourrons, ainſi que nous l'avons fait pour le fpath fluor, affigner le genre particulier de combinaiſon, auquel ces fubftances appartiennent, mais nous n'en ferons pas moins en état d'affurer qu'elles conftituent deux efpèces très-diftinctes, & l'épreuve du feu ne fera que nous confirmer dans cette idée, puifqu'au même dégré de chaleur où le rubis n'éprouve aucune altération dans fa couleur, dans fa forme, ni dans fa tranfparence, le diamant fe brûle & fe volatilife à la manière des corps combuftibles; propriété fingulière dont on eft parti dans ces derniers temps, pour en faire une efpèce particulière de fubftance inflammable, vû qu'il diffère à plus d'un égard des autres corps combuftibles de la nature.

Il nous refte encore à examiner celles

des fubftances métalliques que nous avons citées comme pourvues de la forme octaèdre à plans triangulaires équilatéraux. La première qui fe préfente eft l'*arfenic*; lequel nous offre cette forme, non-feulement dans l'*état falin* & diffoluble, où il jouit d'une certaine tranfparence, mais encore dans l'*état de régule*, où, faturé de phlogiftique, il perd fa tranfparence & fa diffolubilité dans l'eau. Dans le premier cas, fa gravité fpécifique eft à celle de l'eau dans le rapport de 50 à 10, en quoi il diffère des autres fels & des pierres que nous avons vues plus haut fe préfenter avec la même forme octaèdre. Dans le fecond cas, c'eft-à-dire à l'état métallique, il en diffère encore davantage au même égard, puifque alors fa gravité fpécifique devient à celle de l'eau dans le rapport de 83 à 10. Si l'on joint à ces différences, celles tirées de fon dégré de dureté, qui eft très-médiocre, & de fa combuftibilité en répandant cette odeur d'ail infupportable qui le caractérife, on conviendra qu'il n'eft plus poffible de le confondre avec aucune autre des subſtances ſalines, pierreuſes ou métalliques octaèdres que nous conſidérons.

Les *criſtaux de fer octaèdres*, répandus en ſi grande quantité dans les ſtéatites & autres roches primitives du ſecond ordre, ſont encore plus faciles à diſtinguer de toute autre ſubſtance, puiſqu'indépendamment de leur peſanteur & de leur dureté ſpécifiques, ils ont l'éclat métallique du fer & ſa propriété excluſive d'être attirables à l'aimant.

A l'égard des criſtaux *d'argent* & *d'or* octaèdres, il ne faut que leur couleur & leur éclat métalliques pour les faire reconnoître au premier coup-d'œil & les faire diſtinguer de toute autre ſubſtance douée de la même forme criſtalline, mais leur gravité ſpécifique très-conſidérable nous offre un caractère beaucoup plus tranchant, puiſque dans l'or, le plus peſant de tous les corps, cette gravité ſpécifique eſt à l'eau dans le rapport de 192 à 10, tandis que dans l'argent, elle n'eſt à l'eau que comme 104 eſt à 10. Je ne parle point ici

des autres propriétés diſtinctives de ces
métaux, telles que la dureté, la ductilité,
la diſſolubilité dans tel ou tel acide, &c.
Toutes concourent à démontrer que, malgré l'identité de forme, ces ſubſtances
conſtituent des eſpèces très - différentes
entr'elles. Cette identité de forme ne peut
donc induire en erreur, lorſqu'on ne la
conſidérera point abſtractivement des autres
propriétés diſtinctives qui l'accompagnent
dans les différens corps du règne minéral.

Au reſte, quoique les propriétés diſtinctives que nous venons d'indiquer dans
les ſubſtances métalliques ſuffiſent pour
nous faire connoître que l'*arſenic*, le *fer*,
l'*argent* & l'*or*, conſtituent des eſpèces
très-particulières, il n'en eſt pas moins
vrai que les principes conſtituans de ces
ſubſtances, nous ſont auſſi peu connus que
ceux qui compoſent le diamant & le rubis;
autrement on ne voit pas pourquoi il ne
nous ſeroit pas auſſi facile de faire de l'or
ou du diamant, que de faire du ſoufre,
ou de régénérer la ſélénite & le ſpath
calcaire, en combinant de nouveau les

principes que l'analyfe nous y a fait reconnoître ; mais il s'en faut bien qu'il en
foit ainfi , malgré les tentatives laborieufes
& multipliées de nos chimiftes modernes.
L'ignorance du genre naturel auquel appartient une combinaifon quelconque ,
n'empêche donc point qu'on ne puifle affigner fes véritables caractères fpécifiques,
fi l'on fuit la méthode que je propofe ;
car, quels que foient les principes conftituans de l'*or* , du *cryftal de roche* , du *fchorl*,
ou du *diamant* , il refte toujours conftant
que ce font quatre compofés ou furcompofés qui diffèrent effentiellement entre
eux , d'après l'examen comparé des propriétés qui leur font inhérentes , telles que
la forme , la pefanteur , la dureté fpécifiques , &c.

Il exifte donc dans le règne minéral des
caractères que l'on peut rigoureufement
appeler *fpécifiques* , s'il eft vrai que ces
caractères foient uniformes & conftans *dans
les corps homogènes de la même efpèce*, c'eft-
à-dire dans ceux qui réfultent de la combinaifon des mêmes principes conftituans.

Or cette conftance & cette uniformité font prouvées par le fait, du moins quant à la pefanteur & à la dureté fpécifiques; mais tous les phyficiens ne conviennent pas également de la conftance de la forme criftalline dans chaque efpèce. Ils objectent au contraire » la multiplicité de formes » criftallines déterminées qui fe rencon- » trent dans certaines fubftances falines » ou pierreufes, telles que l'*alun*, le *tartre* » *vitriolé*, la *félénite*, le *fpath calcaire*, le » *fpath pefant*, le *fchorl*, le *feld-fpath*, &c. « Ils vont jufqu'à citer cette multiplicité de formes dans la même efpèce, comme une preuve fans réplique du peu d'importance qu'on doit y attacher. » La forme de cri » tallifation, dit expreffément M. le comte » de Buffon, n'eft pas un caractère conf- » tant, mais plus équivoque & plus va- » riable qu'aucun autre des caractères par » lefquels on doit diftinguer les minéraux. (Hift. Nat. des Minéraux, vol. I. pag. 343, de l'édit. in-4°.)

Cette objection qu'on ne fe laffe point de répéter, n'en eft pas meilleure pour avoir été faite par les *Cronſtedt*, les *Bergman*, les *Buffon*, & tout récemment par M. *Kirwan*, dans la préface de l'édition angloiſe de ſes Elémens de Minéralogie. Si les Chimiſtes & les Phyſiciens diſtingués qui la propoſent, euſſent approfondi davantage la marche invariable de la Nature dans la criſtalliſation des ſubſtances, ils euſſent bientôt reconnu que cette multiplicité de formes criſtallines dans la même eſpèce, loin de s'éloigner du caractère d'uniformité, inhérent à cette eſpèce, en eſt au contraire la preuve la plus triomphante, puiſque cette preuve eſt toute géométrique.

Que diroient en effet ces Phyſiciens, ſi on leur démontroit que dans toutes les formes à facettes planes déterminées de l'*alun*, du *tartre vitriolé*, du *ſpath calcaire*, &c. on retrouve abſolument *les mêmes angles, la même inclinaiſon reſpective des faces entr'elles, que dans le criſtal le plus ſimple & le plus régulier de la même eſpèce ?*

C'eſt néanmoins ce qu'on peut facilement

leur démontrer à l'aide du *goniomètre* ou *mesur-angle*. Qu'ils prennent cet instrument ; qu'ils mesurent avec le plus de précision qu'il leur fera possible, les angles correspondans de tous les criftaux déterminés qu'ils auront de la même espèce, & ils reconnoîtront eux-mêmes cette conftance invariable des angles, qui eft fans contredit un des plus étonnans & des plus intéreffans phénomènes qu'on ait encore obfervé dans la Nature.

Cette conftance admirable des angles, loin d'être altérée par les troncatures ou nouvelles faces qui fouvent fe rencontrent, foit aux arêtes , foit aux angles folides du criftal primitif, détermine au contrairé tous les nouveaux angles réfultants de ces troncatures, puifque ces nouveaux angles, que j'appelle *fecondaires*, font une fuite néceffaire de l'inclinaifon refpective des faces du criftal primitif, de manière qu'il eft vrai de dire qu'au milieu des modifications fans nombre que préfente la *forme criftalline*, elle eft *unique* dans chaque espèce : de même qu'il n'y a dans chaque espèce, qu'une *seule saveur*, une *seule du-reté*, une *seule pesanteur spécifique*.

Mais en admettant la constance & la certitude de ces caractères dans les substances homogènes, on dira peut-être qu'ils s'altèrent & disparoissent même tout-à fait dans celles qui sont mélangées de substances hétérogènes.

A cela je réponds que tant que la substance dont il s'agit conservera sa forme cristalline à facettes planes déterminées, son mélange avec des molécules hétérogènes n'empêchera point de la reconnoître. Ce mélange peut modifier jusqu'à un certain point sa dureté, sa gravité spécifique & ses autres propriétés, lui faire perdre sa transparence, lui donner même telle ou telle couleur, sans que ses angles cessent d'être identiques avec ceux du cristal le plus homogène de la même espèce. Je puis citer en preuve de cette assertion, les grès cristallisés de Fontainebleau, qui conservent la forme rhomboïdale du *spath calcaire muriatique*, malgré l'interposition des molécules quartzeuses, qui en font une pierre fcintillante fous le briquet, tandis que fes molécules fpathiques la rendent effervefcente & foluble dans les acides, comme les fpaths les plus homogènes ; les criftaux de roche d'un rouge d'ocre ou de cornaline, que nous défignons vulgairement fous le nom d'*Hyacintes d'Efpagne* ou de *Compoftelle* ; ceux à long prifme du Dauphiné, qui font ternis ou colorés, foit en totalité, foit en partie, par une ftéatite martiale de couleur verte ; ceux enfin qui renferment dans leur intérieur de l'*amianthe* ou du *mica*, du *fchorl*, du *feld-fpath*, des *marcaffites*, &c. Tous ces criftaux, malgré les fubftances étrangères qui s'y trouvent interpofées, confervent dans leurs angles la régularité qu'on obferve dans les criftaux les plus homogènes de la même efpèce. D'ailleurs l'altération plus ou moins marquée, que la pefanteur & la dureté fpécifiques doivent éprouver de ce mélange, étant en rapport avec la nature & la quantité des molécules hétérogènes, ne fait que confirmer la certitude de nos caractères fpécifiques, d'autant que les propriétés d'un tel criſtal doivent être alors en raiſon compoſée de celles des ſubſtances étrangères qu'il a ſaiſies dans l'inſtant même où ſes propres molécules ſe réuniſſoient conformément aux lois de la criſtalliſation.

C'eſt ce que l'on peut obſerver dans l'*hyacinte blanche cruciforme* du Hartz, & dans l'*aigue-marine*, ou *béril* de Saxe; ces pierres ont bien la forme criſtalline des gemmes dont elles portent le nom, mais elles n'en ont point l'éclat, ni la tranſparence, ni la dureté, ce qui provient des molécules étrangères, argileuſes ou calcaires, qui ſe trouvoient interpoſées, mais non diſſoutes, dans le fluide où ces gemmes ont criſtalliſé. On doit rapporter à la même cauſe la fragilité des *Tourmalines du Tirol*, comparée avec la dureté & la ſolidité des *Tourmalines d'Eſpagne* & de *Ceylan*; car, d'après la forme criſ-talline & les propriétés électriques que pré-ſentent toutes ces tourmalines, on ne peut nier qu'elles n'appartiennent à une ſeule & même eſpèce. Enfin l'on peut en dire autant des *ſchorls verts* en aiguilles priſ-

matiques du Dauphiné, dont les plus homogènes étincellent facilement ſous le briquet, tandis que ceux que leur odeur ar-
gileuſe annonce comme impurs ou mélangés, ſe briſent au moindre choc, en
donnant cependant encore quelques foibles
étincelles ; d'où l'on voit que la *dureté* dans
les ſubſtances pierreuſes ne doit être miſe
au nombre des caractères ſpécifiques, que
dans celles-là ſeules dont les criſtaux ſont
homogènes & diaphanes ; cette dureté,
de même que la denſité, s'altérant néceſſairement en raiſon de la nature & de
la quantité de molécules étrangères à la
compoſition de ces mêmes criſtaux.

Si nous paſſons aux autres caractères
extérieurs, nous verrons que la *couleur*,
dans les criſtaux pierreux, n'eſt jamais que
le réſultat d'un principe étranger métallique ou phlogiſtiqué, lequel s'eſt intro-
duit en plus ou moins grande quantité dans
le fluide où leurs molécules étoient en
diſſolution ; il eſt aiſé de conclure delà,
que dans les criſtaux de cette claſſe, la
couleur ne peut être miſe au nombre

des caractères essentiels & primitifs. En effet, les *diamans roses*, *bleus*, *verts*, *jaunes*, *&c.* ne font point d'une espèce différente du diamant pur, homogène, & comme l'on dit, d'une *belle eau*. Le quartz ou cristal de roche, que sa couleur pourpre ou violette a fait nommer *améthiste*, est bien certainement le même cristal de roche qui se montre diaphane & sans couleur, & d'autres fois parfaitement opaque, immédiatement au dessous de la partie qui prend, de la couleur qui s'y rencontre, le nom distinctif d'une pierre précieuse. Personne n'ignore aujourd'hui que la *topaze de Bohême* n'est aussi qu'un cristal jaune, & la *prase* ou *chrysoprase* un quartz vert.

Cependant on voit des Minéralogistes faire trois espèces distinctes du *rubis*, du *saphir*, & de la *topaze d'orient*, quoiqu'ils ne puissent ignorer que le même *cristal-gemme* présente souvent à la fois le bleu velouté du *saphir* & le jaune d'or de la *topaze*. Mais si la pointe ou l'extrémité supérieure d'un tel cristal est rouge ou bleue, tandis que son extrémité inférieure reste diaphane

diaphane & fans couleur, comment s'y prendra-t-on pour claſſer une telle pierre? Faudra-t-il la conſidérer comme formée de deux eſpèces différentes entées l'une ſur l'autre? & ſi la couleur très-intenſe à l'une des extrémités s'éclaircit par dégrés juſqu'à diſparoître à l'extrémité oppoſée, ou ſi, comme il arrive quelquefois, l'eſpace intermédiaire entre deux couleurs très-diſtinctes, reſte diaphane & ſans couleur, faudra-t-il encore ſuppoſer autant d'eſpèces différentes confondues ſous la même forme criſtalline? La *topaʒe de Saxe* n'eſt-elle pas tantôt d'un jaune plus ou moins clair, tantôt couleur d'*aigue-marine* ou de *chryſolite*, tantôt blanche & limpide comme le plus pur criſtal, tantôt enfin parfaitement opaque & d'un blanc mat? Les cubes du *ſpath fluor* ne s'impregnent-ils pas de toutes les couleurs dont nous admirons l'éclat & la vivacité dans les gemmes proprement dites, tandis que d'autres fois ce même ſpath eſt ſans couleur, ou de la plus parfaite opacité? Enfin il n'eſt aucune des pierres tranſparentes & co-

C

lorées, que nous appelons *rubis*, *faphir*, *topaze*, *émeraude*, *hyacinte*, *chryfolite*, *aigue-marine*, &c., qui n'exifte avec des couleurs différentes, plus ou moins intenfes, & qui ne puiffe même, dans l'état d'homogénéité parfaite, exifter fans couleur.

La *couleur* dans les pierres n'eft donc pas un caractère fpécifique, & elle ne fait qu'indiquer la modification que telle ou telle efpèce éprouve de la part du principe colorant ; il en eft autrement dans les criftaux métalliques ou phlogiftiqués, & dans les fels qui en dérivent. Ainfi la couleur *jaune* de l'or, la *grife* du fer, & la *rouge* du cuivre, font auffi complettement inhérentes à ces fubftances dans leur état de métalléité, que, dans l'état falin, la couleur *bleue* l'eft au *vitriol de cuivre*, & la *verte* au *vitriol martial*. Le fer feul, felon les diverfes combinaifons qu'il forme avec différens acides, eft fufceptible de prendre des couleurs très-variées, toujours effentiellement inhérentes à chaque combinaifon. C'eft ainfi qu'après avoir per-

du fon phlogiftique, il prend avec l'*acide
igné* la couleur *rouge*, avec l'*acide animal*
la couleur *bleue*, & la *jaune* avec l'*acide
végétal*. C'eft encore à ce même fer diffé-
remment modifié, que nous devons les
trois couleurs du *rubis*, du *faphir* & de
la *topaze*, le rouge foncé du *grenat*, & le
rouge orangé de l'*hyacinte* ou de la *ver-
meille*.

Si de la couleur nous paffons au *tiffu*
des fubftances minérales, nous reconnoîtrons que ce tiffu n'eft pas tant un effet
de la figure de leurs molécules primitives
intégrantes, que de la juxtapofition plus
ou moins lente, plus ou moins accélérée
de ces mêmes molécules. Un tel caractère
tenant à des circonftances locales & très-
diverfifiées, ne peut être non plus confi-
déré comme effentiel & primitif dans ces
fubftances. Je n'en veux d'autre preuve
que l'exemple fuivant. Le *criftal d'Iflande*,
le *flos-ferri* de Stirie, & le *marbre blanc*
de Carare, appartiennent certainement à
la même efpèce de pierre, puifque toutes
les trois réfultent de la combinaifon des

mêmes principes conſtituans, *l'acide mé-phitique* & la *terre abſorbante*. Cependant quelle différence n'y a-t-il pas dans la *caſſure*, & conſéquemment dans le tiſſu de ces trois corps ? Le premier ſe diviſe aſſez facilement en parallélipipèdes rhomboïdaux, également diviſibles en parallélipipèdes plus petits, liſſes & brillans dans leur caſſure, ſans qu'il ſoit poſſible d'atteindre, par ce moyen mécanique & groſſier, au dernier terme de diviſion, qui eſt celui des molécules primitives intégrantes de ce criſtal ; il en eſt de même de toutes les variétés déterminées du criſtal d'Iſlande, quelqu'éloignées qu'elles nous paroiſſent de la forme originelle & primitive que nous lui connoiſſons.

La caſſure n'a plus rien de cette régularité dans le *flos-ferri*, qui eſt une ſtalactite calcaire à rameaux nombreux, plus ou moins déliés & contournés. Ces rameaux s'entrelacent & ſe réuniſſent ſouvent en une maſſe fibreuſe blanche, dont la fracture offre des eſpèces de dendrites très-élégantes, mais dont les ſinuoſités multipliées laissent entr'elles de fréquens interstices. Enfin le *marbre de Carare* est composé de molécules spathiques luisantes, plus ou moins fines & très-serrées, entre-lacées confusément les unes dans les autres, au point que les masses qui en résultent, montrent dans leur cassure un tissu plus ou moins grenu, plus ou moins rude au toucher.

Ici la cassure tout-à-fait irrégulière ne présente ni les rainceaux du *flos-ferri*, ni le tissu fibreux des autres stalactites ou dépots calcaires, ni les segmens lisses & rhomboïdaux du cristal d'Islande. Un tissu si différent dans les morceaux que je viens de citer, nous apprend seulement si la matière calcaire qui les compose, est le produit d'une cristallisation lente & tranquille, ou d'un dépôt successif de molécules chariées par les eaux, ou enfin d'une cristallisation rapide & presque simultanée.

La cassure peut donc servir à caractériser les variétés d'une même espèce, sans pouvoir nous indiquer en quoi cette espèce diffère d'une autre qui appartiendroit à un genre différent. Le tiffu fibreux ou rayonné de certaines *zéolites*, de certains *gypfes*, &c., ne leur appartient pas davantage qu'à la *pyrite en globules*, au *foufre*, au *cinabre*, à l'*hématite*, &c. ; il n'eft évidemment dans toutes ces fubftances que le produit d'une criftallifation trop accélérée, puifque la plupart d'entre elles nous préfentent aufii des formes criftallines régulières & déterminées, dont le tiffu n'eft rien moins que fibreux, lamelleux ou ftrié.

La *tranfparence* & l'*opacité* ne font pas non plus des caractères qu'on puiffe appeler fpécifiques. La première de ces propriétés, dans les fels & les pierres, indique bien certainement l'homogénéité de la fubftance criftalline, mais la feconde n'indique pas toujours fon hétérogénéité, du moins dans les fubftances métalliques ou fortement phlogiftiquées. Dans les fels & les pierres l'opacité provient ou d'une criftallifation trop accélérée, ou d'une fubftance étrangère, faifie par les molécules criftallines au moment de leur réunion, ou enfin

d'un commencement de décompofition.
Or aucune de ces circonftances n'étant
effentielle & primitive, il eft évident que
le même criftal peut être opaque ou diaphane, foit en tout, foit en partie feulement, fans ceffer d'appartenir à la même
efpèce, c'eft-à-dire à la combinaifon des
mêmes principes conftituans.

Il réfulte de ce qui précède, que fi tous
les caractères extérieurs qui fe rencontrent
dans les combinaifons falines, pierreufes
ou métalliques, ne font pas également
primitifs & effentiels, il en eft cependant
plufieurs, tels que la *forme criftalline*, la
pefanteur & la *dureté fpécifiques*, qui, pris
enfemble, ne peuvent fe rencontrer dans
des efpèces d'un genre différent; ce qui
fuffit pour nous faire diftinguer, dans le
règne minéral, des *efpèces proprement dites*,
dans le fens d'une reproduction conftante
& déterminée, toutes les fois que s'opère
la combinaifon des mêmes principes conftituans.

Ces principes élémentaires, plus ou
moins fimples, mais doués d'une figure

qui leur eſt inhérente, & qu'on doit regarder comme indeſtruĉtible, deviennent
par leur combinaiſon *générateurs de la forme
criſtalline & des autres proprietés diſtinĉtives
des ſubſtances minérales*, & conſéquemment
ils nous tiennent lieu des *germes reproduĉtifs*
excluſivement attachés aux ſubſtances des
deux autres règnes. Rejetter comme illuſoires les caraĉtères invariables qui réſultent d'une telle combinaiſon, pour ne
s'arrêter qu'à ceux qui nous ſont fournis
par l'analyſe chimique, n'eſt-ce pas comme
ſi, pour claſſer les végétaux, on fermoit
les yeux ſur les caraĉtères tirés de la conſidération des *étamines*, du *piſtil*, du *ca-
lice*, de la *corolle*, &c., pour n'avoir égard
qu'aux propriétés que nous y aurions reconnues par l'analyſe chimique?

On peut remarquer auſſi que dans les
plantes, comme dans les minéraux, ce
n'eſt point d'après la conſidération de
quelques-uns de leurs caraĉtères extérieurs
pris ſéparément, mais d'après l'examen
comparé de tous ces caraĉtères, qu'on doit
établir les *différences ſpécifiques*, & la dif-

tribution la plus naturelle & la plus lu-
mineufe de ces fubftances.

Cependant s'il faut en croire le célèbre
Bergman, les molécules qui concourent
à la formation des fubftances minérales,
" *NE S'UNISSENT QUE PAR HASARD ...*
" elles font *tantôt rares, tantôt denfes,*
" quelquefois elles fe difpofent fymmé-
" triquement, d'autres fois abfolument
" fans ordre, & leur variété multipliée fuit
" toutes les nuances poffibles. *Cette ob-*
" *fervation générale,* continue l'oracle
" de nos Chimiftes modernes, *annonce*
" *CERTAINEMENT que les formes exté-*
" *rieures ne peuvent pas fervir de caractères*
" *diftinctifs dans le règne minéral.* (Voyez
le Manuel du Minéralogifte ou Sciagraphie
du règne minéral, diftribué d'après l'analyfe chimique par M. Tob. Bergman, mife
au jour par M. Ferber, & traduite en françois par M. Mongez le jeune, Paris, 1784,
in-8°, pag. 5, §. VI.)

Si cette prétendue obfervation de M.
Bergman étoit vraie, l'étude des formes
criftallines feroit donc une ineptie,

puifque les molécules intégrantes du criftal
de roche, par exemple, ne s'affembleroient
plus qu'au hafard. Comment arrive-t-il
donc que tous les criftaux de roche qui
exiftent, je ne dis pas dans les Alpes, mais
fur le globe entier, confervent dans l'inclinaifon de leurs faces refpectives, les
mêmes angles déterminés ? A qui per-
fuadera-t-on que cette conftance invariable
des angles dans les criftaux homogènes de
la même espèce eft un effet du hafard ?
Il faudroit donc en dire autant du retour
journalier du foleil fur notre horizon.
Ces molécules, dit-on, font *tantôt rares*,
tantôt denfes. Oui, fans doute, dans les
divers compofés ; mais dans ceux qui réfultent de la combinaifon des mêmes principes conftituans, ces molécules confervent
la même denfité, tant que leur combinaifon
fubfifte. Les gravités fpécifiques d'un grand
nombre de fubftances homogènes, ne font-
elles pas aujourd'hui connues de tous les
Phyficiens ? ont-ils trouvé quelquefois de
l'*or* qui eût la gravité fpécifique du *fer* ;
ou du *mercure* auffi léger que l'*étain* ? Si

la forme des fubftances homogènes du règne minéral n'eft pas toujours fymmétrique & réguliére, cela tient à des circonftances locales & perturbatrices, qui rendent la criftallifation *confufe* ou *indéterminée ;* mais dans ce cas même les caractères tirés de la denfité, de la dureté, de la faveur, de la folubilité dans tel ou tel acide, fubfiftent dans leur intégrité, & fuffifent, au défaut de la forme criftalline, pour conftater l'efpèce de ces fubftances : car, je ne puis trop le répéter, *la forme criftalline déterminée* eft de toutes les formes que peut affecter un mixte ou compofé quelconque, *la feule qui foit caractériftique & diftinctive.* Quand cette forme nous manque, nous fommes alors privés d'un des caractères les plus frappans dont la Nature ait revêtu les fubftances du règne minéral, mais il ne s'enfuit pas que dans celles qui nous la préfentent, elle ne puiffe fervir de *caractère diftinctif,* ainfi que l'affure pofitivement M. Bergman dans le paffage étrange que je viens de citer.

Bien plus, après avoir voulu démontrer

dans les paragraphes fuivans, l'infuffifance prétendue des caractères extérieurs des fubftances minérales, ce Chimifte prétend que dans la claffification de ces fubftances, » il faut les placer *fuivant le principe le* » *plus abondant dont elles font compo-* » *fées* (1). « Mais une telle affertion ne fuppofe-t-elle pas que nous fommes parvenus à décompofer les matières pierreufes & métalliques auffi parfaitement que les fubftances falines folubles dans l'eau ? Car comment affigner, par exemple, *le principe le plus abondant du quartz*, fi nous ignorons encore la nature, le nombre & la proportion de fes principes conftituans ?

Il faut en convenir ici, malgré les analyfes multipliées des *Cronfledt*, des *Scheele*, des *Bergman*, des *Achard*, des *Gerhard*, des *Kirwan*, & de nos plus

______

(1) « Je donne, dit-il, dans cet ouvrage, les genres & les efpèces du règne minéral...... *J'ai tiré* les genres *du principe dominant*, & les efpèces *de la diverfité des mélanges* : les variétés *ne regardant que la furface extérieure*, je crois inutile d'en parler.» Avis de M. Bergman fur fa fciagraphie.

habiles Chimiftes, il s'en faut bien que nous connoiffions les vrais principes conftituans de tous les corps du règne minéral. Nous ignorons d'abord quels font les principes conftituans de *l'or*, de *l'argent*, du *fer*, du *plomb*, de *l'étain*, du *cuivre*, du *mercure*, & généralement de toutes les fubftances métalliques. Nous ne favons fi la Nature a donné à chaque métal une terre particulière, ou fi la même terre peut, à l'aide de certaines modifications, convenir également à toutes les fubftances métalliques. Cette ignorance où nous fommes des vrais principes conftituans des fubftances métalliques, ne nous empêche cependant point de reconnoître & d'employer chacune de ces fubftances d'après les propriétés qui la diftinguent & la caractérifent.

Quant aux *pierres*, fi nous en exceptons certains *fpaths* & la *félénite* que nous parvenons à décompofer & même à régénérer d'une manière affez complette, quelles font celles dont on peut fe flatter de connoître les vrais principes conftituans?

Quelqu'un a-t-il fait du *quartz* ou *criftal
de roche*, en uniffant 93 parties de *terre
filiceufe* à 6 de *terre argileufe*, plus une
de *terre calcaire* (1) ? En admettant la
fimplicité de ces trois terres, qui font
très-certainement hétérogènes entr'elles,
à l'aide de quel principe forment-elles un
tout homogène & diaphane, appelé *criftal
de roche*, doué d'une telle forme criftalline bien déterminée, d'une telle pefanteur
& d'une telle dureté fpécifique ? Ce principe d'union, quel qu'il foit (2), ne nous
eft point offert par l'analyfe, puifque fur
cent parties de *quartz* homogène, il y en
a 93 de terre filiceufe, 6 d'argileufe &
une de calcaire ; total 100. Cette analyfe
eft donc incomplette, fi elle ne nous offre
qu'une partie des principes conftituans de

______

(1) Ce font les proportions des principes conftituans du criftal de roche fuivant M. Kirwan.

(2) Ce principe d'union eft, fuivant M. Achard,
l'air fixe ou *acide méphitique*; fuivant M. Bergman,
l'acide fluorique; *l'acide nitreux*, felon Linné ; fuivant
M. Scopoli, *l'acide marin*; & enfin *l'acide vitriolique*,
fuivant M. Sage.

la fubftance homogène, appelée *quartz*; ou fauffe, fi d'après elle on n'admettoit dans fa compofition que les trois principes terreux hétérogènes dont il s'agit.

Ce que je dis ici de la prétendue analyfe du quartz ou *criftal de roche*, peut s'appliquer à celles qu'on a publiées récemment de toutes les *gemmes*, de la *tourmaline*, du *fchorl*, du *mica*, du *feldfpath*, &c.

M. Kirwan, l'un des plus habiles chimiftes de l'Angleterre & difciple du célèbre Bergman, a trouvé, par fes analyfes, 80 parties de *terre filiceufe* dans la *ftéatite*, & 90 dans le *tripoli*, tandis que d'après les mêmes analyfes, il n'y en auroit que 72 parties dans le *petrofilex*, & 75 dans le *jafpe*. Voilà donc la ftéatite plus quartzeufe que le jafpe, & le tripoli beaucoup plus que le petrofilex; & cependant combien la dureté fpécifique du jafpe & du petrofilex, (que l'on fait être égale à celle du quartz même), ne l'emporte-t-elle pas fur celles de la *ftéatite* & du *tripoli?* J'admettrai, fi l'on veut, que des analyfes exactes

de ces deux substances·par l'intermède de
l'acide vitriolique ont donné constamment
la même quantité d'*alun*, de *vitriol martial*
& de *vitriol de magnésie* : cela peut-il empêcher que sur un quintal fictif, soit de
stéatite, soit de *tripoli*, il ne soit resté 80 ou
90 parties d'une substance parfaitement
insoluble, que l'on qualifie de *terre quart-*
zeuse ou *siliceuse ?* Mais qui nous assurera
que la substance quartzeuse est la seule
dans la Nature qui soit insoluble dans les
acides, la seule qui soit vitrifiable à l'aide
des alkalis, du borax ou du sel micro-
cosmique ? & si par hasard il en existoit
deux, trois, quatre, ou un plus grand
nombre qui fussent inaccessibles à tous nos
dissolvans, (& cette supposition est admis-
sible, si l'on considère combien les gemmes
s'éloignent du quartz par leur forme cristalline, leur pesanteur & leur dureté spécifiques) que faudroit-il penser de telles
analyses qui donneroient pour identiques
des substances très-différentes entre elles?
Croira-t-on que la *chrysoprase*, qui n'est
qu'un quartz informe teint en vert par une

matière

matière métallique étrangère à sa composition, contienne, suivant les mêmes analyses, 95 parties de terre filiceuse, tandis que le criftal de roche homogène n'en contient que 93 ? La chryfoprafe feroit donc plus quartzeufe que le quartz même le plus homogène ? & en raifon du principe le plus abondant, elle feroit le premier de tous les quartz !

MM. Bergman & Kirwan nous difent que le *rubis* contient 39 parties de terre filiceufe, 40 d'argile, 9 de terre calcaire aërée, & 10 de terre martiale. En accordant à ces habiles Chimiftes, que le rubis puiffe réfulter de l'union pure & fimple de ces quatre principes terreux, je leur demanderai feulement de quel rubis ils prétendent parler ; fera-ce du *rubis oriental,* du *rubis oftaèdre,* ou du *rubis du Bréfil?* Vu le peu d'attention qu'ils ont donné aux caractères extérieurs des gemmes, il n'eft fait mention dans leurs ouvrages que d'un feul *rubis,* comme fi toutes les pierres qui portent ce nom n'étoient que de légères variétés de la même efpèce : cependant

D

les trois *rubis* que je viens de citer, conſtituent des eſpèces très-particulières, auſſi
différentes par leur forme criſtalline, que
par leur peſanteur & leur dureté ſpécifiques.
(Voyez Criſtall. vol. II, eſp. 2, 3 & 4,
des Criſt. gemmes). L'analyſe du *rubis
d'Orient*, en la ſuppoſant exacte, doit donc
néceſſairement différer de celle du *rubis
octaèdre*, & celle du *rubis du Bréſil* doit,
par la même raiſon, donner des produits
différens de ceux des deux premiers rubis;
autrement on ne voit pas pourquoi ces trois
pierres n'auroient pas la même denſité,
la même forme criſtalline, & le même
dégré de dureté. D'un autre côté, les
mêmes Chimiſtes font du *rubis*, du *ſaphir*,
& de la *topaze d'Orient*, trois compoſés
ſiliceux qui diffèrent entre eux par la proportion de leurs principes conſtituans; &
cependant nous avons vu plus haut que
les trois couleurs, *rouge, bleue, jaune*,
de même que leur privation totale, peuvent avoir lieu ſur un criſtal-gemme de la
même eſpèce, & dont les divers individus
ſoumis à l'analyſe ne doivent différer dans

leurs produits, que par les proportions du feul principe colorant qui les diftingue.

Ce petit nombre d'obfervations fuffit pour démontrer combien, dans les fub-ftances dont il s'agit, les caractères exté-rieurs font préférables aux caractères équi-voques & précaires, déduits d'une analyfe prefque toujours incomplette & rarement fufceptible d'être démontrée par la fyn-thèfe. Cependant cette analyfe eft impor-tante & très-propre à nous faire connoître dans les compofés pierreux, celles des fubftances du règne minéral fur lefquelles nos acides ont quelque prife, telles que les terres *abforbante* ou *calcaire*, *fedlit-ʒienne*, *alumineufe*, *martiale*, &c. Mais il ne faut pas croire qu'elle aille jufqu'à nous dévoiler la nature & les principes confti-tuans d'un grand nombre de fubftances, jufqu'à préfent inacceffibles à tous nos menftrues chimiques.

Il vaut mieux convenir de bonne foi que nous ignorons encore les vrais principes conftituans de plufieurs corps pierreux & métalliques, & faire en conféquence de nouveaux efforts pour augmenter le nombre de nos diffolvans , que de refter dans la vaine & fauffe perfuafion , qu'à l'aide de ceux que nous employons, nous foyons en état d'affigner la nature , le nombre & la proportion des principes élémentaires & conftitutifs de fubftances auffi peu con- nues que le font encore la *zéolite* , le *criftal de roche* , le *diamant*, les *gemmes* , le *grenat*, le *fchorl* , le *jade* , le *feld-fpath* , *&c.*

Mais quoique l'analyfe chimique ne parvienne pas toujours à nous dévoiler les vrais principes conftituans de certains corps pierreux & métalliques , il faut néanmoins convenir que c'eft l'unique moyen qui foit en notre pouvoir de connoître ceux de ces principes dont l'union peut être rompue, foit par le feu , foit par l'eau, l'air, les acides , les alkalis , le phlogiftique, & les autres diffolvans naturels ou chimiques. Or il eft dans les trois règnes un très-grand nombre de compofés & de furcompofés, qui fe prêtent à cette défunion de leurs principes conftituans. Tels font, dans le règne minéral , tous les métaux & demi-

métaux combinés, feuls ou plufieurs enfemble, foit avec le foufre, foit avec
l'arfenic ou toute autre fubftance miné-
ralifante.

La plupart de ces furcompofés à bafe
métallique, nous préfentent auffi des caractères diftinctifs bien déterminés dans
leur forme criftalline, leur pefanteur &
leur dureté fpécifiques; & ces caractères
pris enfemble, diffèrent alors effentiellement de ceux que nous offrent les mêmes
fubftances métalliques & demi-métalliques,
foit à l'état natif ou de régule, foit à l'état
falin, calciforme ou tranfparent; cependant nous n'obtiendrons une connoiffance
intime des principes qui les conftituent dans
ces divers états, qu'en foumettant à l'analyfe chacun de ces furcompofés, pour en
extraire & rendre propres à nos ufages les
fubftances qui nous intéreffent.

On peut obferver ici qu'il n'en eft pas
de ces furcompofés métalliques, ou des
minéraux proprement dits, comme des
fubftances pierreufes; la *taille* ou le *poli*
fuffifent pour rendre ces dernières propres

à nos divers ufages, & la connoiffance de leurs vrais principes conftituans, nous in-térefle beaucoup moins que leur *tranfpa-rence*, ou leur *opacité*, leur *dureté*, leur *folidité*, leur *pefanteur fpécifique*, leur *cou-leur*, leur *éclat*, leurs *nuances*, & leurs autres propriétés extérieures; au lieu que la plupart des minéraux nous feroient à-peu-près inutiles, ou du moins d'une utilité très-bornée, fans les moyens que nous empruntons de la *Docimafie* (1), de l'*Halurgie* (2), de la *Métallurgie* (3), pour reconnoître, extraire, purifier, fu-blimer, précipiter, ou revivifier les fub-ftances métalliques & femi-métalliques que les mines recelent, & que les différents arts rendent enfuite propres aux ufages multipliés de la fociété.

Concluons que fi le Minéralogifte a dans l'analyfe chimique un moyen de plus pour

____

(1) L'Art d'effayer les mines.

(2) L'Art d'extraire & de fabriquer les différens fels, tels que les *vitriols*, l'*alun*, le *falpêtre*, &c.

(3) L'Art de fondre & de travailler les métaux.

acquérir une connoiſſance intime, ou du moins plus parfaite des différens corps du règne minéral, ſon premier devoir, comme Naturaliſte, eſt d'apprendre à reconnoître & à claſſer ces mêmes corps d'après les propriétés extérieures & ſenſibles qui leur ſont inhérentes, telles que la *forme criſ-talline*, la *peſanteur*, la *ſaveur*, la *dureté ſpécifiques*, &c. Je crois avoir démontré que ces propriétés priſes enſemble, loin de pouvoir paſſer pour *équivoques*, encore moins pour *illuſoires*, ainſi que n'ont pas craint de l'avancer quelques Chimiſtes & Phyſiciens du premier ordre, ſont au contraire le vrai *cachet de la Nature*, puiſqu'on y reconnoît ce caractère ſublime de ſym-métrie, de conſtance & d'uniformité, qui diſtingue toutes ſes productions, au milieu des modifications ſans nombre qu'elles éprouvent de la part des corps environnans.

Ainſi ce Règne minéral, cet aſſemblage de corps, qu'on appelle *bruts, inorganiques*, parce qu'ils ſont dépourvus de cet appareil d'organes intérieurs, néceſſaires à la vie, à la croiſſance, à la reproduction, ce Règne minéral, dis-je, a donc aussi ses *espèces* particulières, aussi constantes, aussi déterminées d'après les lois invariables de la combinaison & de la saturation (1), que les espèces animales & végétales le font elles-mêmes d'après les lois non moins certaines de la fécondation.

C'est pour avoir méconnu cette grande vérité, qu'on a pu négliger & proscrire en quelque forte la connoissance des vrais caractères distinctifs de ces *Espèces minérales.* Aujourd'hui que leur existence est démontrée, il feroit aussi honteux pour le Physicien de l'ignorer que de la combattre.

____

(1) « Toutes les parties de la matière, ainsi que « l'obferve M. Macquer dans fon Dictionnaire de Chi- « mie, ont une tendance à s'unir les unes avec les autres. « Lorfqu'elles font unies en effet & que cette tendance « est fatisfaite, cela s'appelle l'Etat de Saturation; « alors tout l'effet de cette même tendance ou de cette « force fe réduit à les faire cohérer entre elles. » C'est aussi de cette *faturation* que dépendent la *pefanteur fpécifique*, & les autres propriétés effentielles à tous les corps du règne minéral, puifqu'il n'entre jamais dans un compofé homogène que la quantité de molécules néceffaire à fa combinaison.

APPERÇU

*Des différens Syſtémes lithologiques qui ont
paru depuis Bromel juſqu'à préſent.*

LES Minéralogiſtes s'accordent aſſez généralement à ranger tous les compoſés & ſurcompoſés
du règne minéral, ſous quatre grandes claſſes ou
diviſions principales, qui ſont les SELS, les
PIERRES, les SOUFRES ou SUBSTANCES IN
FLAMMABLES, & les SUBSTANCES MÉTAL
LIQUES. Si ces quatre claſſes ne ſont pas les
plus naturelles (1), on ne peut nier au moins
qu'elles ne ſoient juſqu'à préſent les plus ſatis

---

(1) J'ai fait voir ailleurs, (*Criſtall. Introd. p.* 14 *& ſuiv.*)
que ces grandes diviſions ſont artificielles, & propres ſeulement à mettre un certain ordre dans les connoiſſances que nous
nous propoſons d'acquérir des ſubſtances minérales, par la
raiſon que la PIERRE la plus dure, la plus inſoluble & la
plus réfractaire, le SOUFRE le plus ſubtil ou le plus inflammable, enfin le MÉTAL ou le MINÉRAL le plus compoſé, ſont tous le produit de deux ou de pluſieurs principes
acides, aqueux, phlogiſtiques ou *terreux*, leſquels ſont unis,
combinés & ſaturés réciproquement à la manière des SELS
neutres ou moyens, ſans qu'il ſoit poſſible d'aſſigner dans ces
divers compoſés & ſurcompoſés, d'autre différence eſſentielle
ou primitive que celle qui doit néceſſairement réſulter de chaque
combinaiſon.

faifantes & les plus faciles à faifir. Mon deffein n'eft point d'examiner ici les fubdivifions plus ou moins nombreufes qui ont été faites de la première & des deux dernières de ces claffes principales. Les *fels* & les *foufres* font à peu près connus, par la facilité avec laquelle ils fe prêtent à la défunion de leurs principes conftituans. On en peut dire autant des fubftances *métalliques* & *demi-métalliques*, foit que ces fubftances foient pures ou minéralifées. Nous les connoiffons jufqu'à un certain point par la *voie humide* ou par la *voie feche*, puifqu'elles ne nous laiffent ignorer que la nature ou la modification particulière du principe terreux qui leur fert de bafe, & que, dans celles où ce principe terreux peut être féparé de fon principe inflammable ou *métallifant*, nous fommes toujours les maîtres de reftituer l'un à l'autre par les divers procédés que la chimie nous indique.

Mais fi les *fels*, les *foufres* & les *métaux* éprouvent une action plus ou moins puiffante & immédiate de la part de nos agens chimiques, il n'en eft pas de même d'un grand nombre de *fubftances pierreufes*, qui jufqu'à préfent fe font montrées rebelles à tous les efforts de l'art. Pour les claffer, on a donc été réduit à certaines propriétés générales ou particulières, tirées foit de la manière dont ces corps fe comportent dans le feu, dans les acides & les autres menftrues chimiques, foit de leurs divers dégrés de dureté, de denfité,

de tranſparence , & enfin de leur forme , de leur
tiſſu , de leur grain , de leur couleur , &c. &c.

Ces différentes propriétés réunies , étoient ſans
doute très-propres à établir des caractères ſpécifiques & individuels , ſur-tout dans les ſubſtances
homogènes ; mais la plupart des Minéralogiſtes
ayant établi leurs diviſions génériques ſur la conſidération de quelques-uns de ces caractères excluſivement à tout autre ; ayant pris pour baſe de
leur claſſification , tantôt les caractères chimiques,
& tantôt l'un ou l'autre des caractères extérieurs,
en négligeant même les primitifs ou fondamentaux, pour ne s'attacher qu'aux plus accidentels
& aux plus variables ; il en eſt réſulté une mul-
titude de diſtributions méthodiques plus ou moins
imparfaites , en raiſon du nombre & du choix des
propriétés conſidérées comme diſtinctives dans les
ſubſtances pierreuſes. Il ſuffira pour juſtifier ce
que j'avance , de préſenter ici le tableau rapide
& ſuccinct des différens ſyſtêmes lithologiques qui
ont paru depuis 1730 juſqu'à préſent.

Bromel fut le premier des auteurs méthodiques (1) , qui diviſa les pierres , d'après leur
manière d'être lorſqu'on les ſoumet à l'action du
feu, en *apyres* ou *ſubſiſtantes au feu* , en *calcaires*
ou *calcinables* , & en *vitreſcibles* ou *vitrifiables*.

____

(1) Sa Minéralogie parut à Stockholm , en Suédois & en
Allemand, 1730, in-8°.

Cette division, uniquement fondée sur un caractère chimique, fut adoptée par Linné, en
1736 (1), par Cramer, en 1739 (2), & par
Wallerius, en 1747 (4); mais elle eſt défec-
tueuſe en ce que le grès, le caillou, le quartz
& le criſtal de roche, qu'on y donne, conjoin-
tement avec les gemmes & le ſpath fluor, pour
des ſubſtances vitrifiables, ne le ſont point par
elles-mêmes, & qu'elles ſont au contraire plus
ſubſiſtantes au feu que l'amiante, l'asbeſte & la
pierre ollaire; tandis que le ſpath calcaire & le
gypſe, quoique calcinables dans le feu, different
entre eux à tout autre égard, & encore plus du
ſchiſte qu'on leur aſſocie, puiſque ce dernier s'y
change en une matière ſpongieuſe & ſcoriforme
qui n'eſt ni *chaux*, ni *plâtre*, mais plutôt une
ſorte de vitrification.

Le célèbre Linné, loin de remédier à cette
confuſion, ne fit que l'augmenter en rangeant
dans la claſſe des *ſels*, les ſubſtances pierreuſes
où il avoit reconnu des formes criſtallines ana-
logues à celles du *natron*, du *nitre*, du *ſel marin*,
de l'*alun*, du *vitriol*, & du *borax*. Cette confuſion étoit d'autant plus grande, que non-ſeu-

---

(1) Car. Linnæi Syſtema Naturæ; *Lugd. Batav.* 1736, 1748.
(2) J. Andr. Cramer, Elementa artis Docimaſticæ; *Lugd.
Batav.* 1739, in-8°.
(3) J. Gott. Wallerii Mineralogia, *Stockh.* 1747. .

lement il rapportoit à des claffes différentes des pierres intrinféquement femblables, quant à leurs principes conftituans, mais encore en ce qu'il réuniffoit dans un même genre des fubftances qui n'avoient rien de commun entre elles, que la feule forme criftalline. Il eft véritablement fàcheux que ce grand homme, auquel l'Hiftoire naturelle & la Criftallographie en particulier ont tant d'obl:-gation, n'ait pas vu que la forme criftalline feule ne fuffifoit pas pour établir le caractère générique ou fpécifique des fubftances du règne minéral, & qu'il ait ainfi prévenu contre ces mêmes formes criftallines les efprits qui auroient fans doute été les plus difpofés à les admettre, fi l'on n'en eût point fait un pareil abus.

WOLTERSDORFF en 1748 (1), & GELLERT en 1750 (2), divifèrent les pierres en *vitreufes* ou *vitrifiables*, *argileufes*, *gypfeufes* & *calcaires*; c'eft-à-dire qu'ils ajoutèrent une divifion aux trois précédemment reçues, en changeant le nom d'*apyres* en *argileufes*, & en diftinguant les gypfes des fubftances alkalines ou calcaires. Mais le fpath pefant, fous le nom de *fpath gypfeux*, n'y faifoit encore qu'un feul genre avec le gypfe proprement dit, tandis que le fpath fluor, avec les

---

(1) Syftema minerale; *Berolini*, 1748, in-8°.
(2) Elémens de Chimie métallurgique; *Leipzig*. 1750, in-8° en Allemand & traduit depuis en François.

gemmes & le quarrz ou criſtal de roche, con-
tinuoient d'y être confondus ſous le faux titre de
vitrifiables.

En 1755 parut le ſyſtème de CARTHEUSER (1),
le premier qui tira ſes diviſions des caraΩères extérieurs & ſenſibles des ſubſtances pierreuſes ; mais
ces caraΩères ne pouvoient être plus mal choiſis,
puiſqu'au lieu de faire concourir la *forme criſtalline* avec la *peſanteur* & la *dureté ſpécifiques*, il
ne s'arrêta qu'au ·ſimple tiſſu, d'après lequel il
diviſa les pierres en *lamelleuſes*, *fibreuſes*, *ſolides*
& *grenues.* Ainſi l'on vit pour la première fois le
ſpath réuni avec le talc & le mica ; l'amiante &
l'asbeſte avec le gypſe ſtrié ; le ſilex & le quartz
avec la pierre à chaux ; le gypſe informe & la
ſtéatite ; enfin le grès avec le jaſpe, qui n'eſt rien
moins que grenu.

Une auſſi mauvaiſe diſtribution n'étoit pas
propre à juſtifier l'uſage des caraΩères extérieurs,
& celle que M. de JUSTI publia deux ans après (2),
ſans être moins défeΩueuſe, étoit encore plus
ridicule. Après avoir fait une ſeΩion pour les
criſtaux quartzeux, ſpathiques & gypſeux, il eut
la maladreſſe de réunir, ſous le *nom de pierres*

---

(1) Elementa Mineralogiæ ſyſtematicè diſpoſitæ ; *Francof.
ad Viadr.* 1755 , in-8.

(2) Sa Minéralogie parut en Allemand à Gottingue, 1757,
in-8.

nobles, le diamant & les gemmes à l'améthifte,
à la turquoife, & à l'opale : fous celui de *pierres
demi-nobles*, il comprit le criftal de roche, la
cornaline, l'agate, la malachite & le lapis-lazuli.
Les *apyres ignobles* renferment le mica, le talc,
la molybdène, la ftéatite, la pierre cornée, le
jafpe & l'asbefte. Viennent enfuite le marbre,
le gypfe & le fpath, qui conftituent le genre *calcaire ;* & le genre *vitrifiable* eft à fon tour compofé du grès, du quartz, du filex, du fchifte,
de la ferpentine, du granite, &c.

Les défauts d'une telle diftribution font trop
palpables pour que je m'arrête à les relever : celle
que LEHMAN efquiffa vers le même temps, dans
fon *Art des mines* (1), n'eft guère plus fatisfai-
fante. A l'exception des *pierres gypfeufes*, qui
formeroient une divifion naturelle, fi les *fpaths
gypfeux*, connus depuis fous le nom de fpath
pefant, n'y étoient pas compris, toutes les autres
pierres y font diftribuées d'après un feul de leurs
caractères extérieurs ; 1°. en *fufceptibles du poli*,
qui font elles-mêmes fubdivifées d'après leur tranfparence plus ou moins parfaite, ou leur opacité:
2°. en grès ou *pierres fablonneufes* : 3°. les *feuilletées* : 4°. enfin les *figurées.* On fent combien

---

(1) La traduction françoife de cet ouvrage parut avec divers
autres traités du même auteur réunis en 3 vol. in-12, *Paris,*
1759.

de telles divisions sont vagues & arbitraires, aussi furent-elles oubliées, dès que le célèbre CRONS-TEDT, alors caché sous le voile de l'anonyme, eut publié son excellente Minéralogie (1), fondée presque entièrement sur l'analyse chimique.

Quoique cet habile Minéralogiste n'ait pas cru devoir s'arrêter aux caractères extérieurs tirés de la forme cristalline, parce qu'alors on ignoroit la constance invariable des angles dans chaque espèce, il faut néanmoins convenir qu'en faisant concourir les autres caractères extérieurs avec les propriétés que l'analyse lui avoit fait reconnoître dans les substances pierreuses ; il en a fait une distribution plus précise & beaucoup plus naturelle qu'aucune de celles qu'on avoit vues jusqu'alors.

Ses neuf ordres ou genres de terres ou pierres simples sont : I°. la *calcaire*, qui comprend la sélénite ou pierre gypseuse, & le spath pesant, encore peu connu à cette époque : II°. la *siliceuse*, qui renferme le diamant & les gemmes, le quartz ou cristal de roche, le caillou, le jaspe & le feld-spath : III°. les *grenatiques*, où les schorls sont compris : IV°. les terres & pierres *argileuses*, telles que les ollaires, stéatites, serpentines, &c. : V°. les *micacées* : VI°. les *fluors*, ou spath fusible : VII°. les

---

(1) Elle parut en Suédois, (*Stockholm*, 1758, in-8.) & a été traduite plusieurs fois tant en Allemand, qu'en Anglois & en François.

asbestines,

asbestines, ou amiante : VIII°. la *zéolite* & le *lapis* : IX°. enfin la *manganaise* & le *wolfram*. On ne peut guère reprocher à cette distribution que la réunion du spath pesant avec la sélénite, ainsi que celle des gemmes & du feld-spath avec le quartz. La manganaise & le wolfram sont aussi des substances très-différentes entre elles, & qui d'ailleurs tiennent moins aux pierres qu'aux substances métalliques.

Le système de VOGEL, qui parut en 1762 (1), offre une division méthodique des pierres bien inférieure à celle de Cronstedt. Des douze genres ou sections qui la composent, cinq ne renferment que des pierres mélangées ; telles sont les *marneuses*, les *schisteuses*, les *salines*, les *métalliques* & les *roches* : quatre autres genres paroissent établis sur des propriétés reconnues par l'analyse ; telles sont les *argileuses*, les *calcaires*, les *sélénitiques* & les *fusibles* : la dureté seule ou le tissu servent de base à trois autres divisions qui sont les *scintillantes*, les *fibreuses* & les *feuilletées* ; enfin la tourmaline y forme une treizième & dernière division, sous le nom de *pierres nouvelles*. On ne doit pas s'étonner de voir dans un pareil système, les gemmes, les schorls & les grenats,

______

(1) En Allemand sous le titre de *Mineral System*. Leipsig, 1762, in-8.

réunis avec le grès, le quartz & le silex; le mica avec les spaths & la blende; la pierre ponce avec la zéolite.

Cette confusion ne fit qu'augmenter, lorsque BAUMER en 1763 (1), & M. VALMONT DE BOMARE en 1764 (2), réduisirent toutes les pierres simples aux quatre divisions suivantes; les *argileuses*, les *calcaires*, les *gypseuses*, & les *vitreuses* ou *ignescentes*. Alors il fallut bien placer la pierre de Bologne, & même le spath fusible avec les gypses; ainsi que les gemmes, le grenat, le schorl, & même le feld-spath avec les quartz. Toutes ces pierres, prétendues vitreuses, sont en effet *scintillantes sous le briquet*, mais il s'en faut bien qu'elles le soient toutes au même dégré. Ce caractère extérieur, considéré seul, devoit donc nécessairement opérer la réunion de substances très-différentes entre elles.

Dans la douzième édition du *Systema Naturæ*, qui parut en 1768, LINNÉ fit quelques changemens à sa distribution méthodique des pierres qui ne lui avoient point présenté de formes cristallines déterminées. Il laissa subsister le genre des pierres *calcaires* en y comprenant le gypse &

____

(1) L'édition allemande de sa Minéralogie parut à Gotha en 1763 & 1764, deux volumes in-8.

(2) Minéralogie ou Nouvelle Exposition du règne minéral; *Paris*, 1762 & 1764, deux volumes in-8.

l'albâtre gypſeux ; mais les *vitrifiables* & les *apyres* furent remplacées par trois nouvelles diviſions qu'il nomma *pierres terreuſes*, *argileuſes* & *ſablonneuſes*. Le défaut eſſentiel de ſon premier ſyſtème fut malheureuſement conſervé dans celui-ci, par la diſtribution qu'il continua de faire des pierres à facettes planes déterminées, dans le genre des ſels dont elles imitoient la figure.

Un Chimiſte François, M. BUCQUET, fit paroître, en 1771, une *Introduction à l'étude des corps naturels tirés du règne minéral*, dans laquelle il conſerva l'ancienne diviſion des pierres, en *vitreuſes*, *calcaires* & *argileuſes*, en y en ajoutant une nouvelle qu'il nomma *pierres de roche*. On trouve réunis dans cette dernière, le petroſilex, le feld-ſpath, le trapp, le lapis-lazuli & le ſchorl, avec les porphyres, granites & poudings. La zéolite y accompagne les *pierres argileuſes*, tandis que le diamant & les gemmes viennent ſe placer avec le quartz & le caillou dans le genre des *pierres vitreuſes*. Mais ce Chimiſte eſt le premier qui ait oſé renvoyer à la claſſe des SELS, la ſélénite & les gypſes mêmes les plus groſſiers. Il eſt fâcheux qu'ils s'y trouvent confondus ſous le nom de *vitriol de craie*, qui leur appartient excluſivement, avec le ſpath vitreux cubique & la pierre de Bologne, qui ſont des ſels inſolubles dans l'eau très-différents de la ſélénite, ſoit par l'acide, ſoit par le principe terreux qui leur ſert de baſe.

Mon Essai de Cristallographie, qui parut
l'année fuivante, divifa les criftaux pierreux en
huit genres ou fections, qui font : Iº. le fpath
calcaire : IIº. la félénite ou gypfe : IIIº. le fpath
fufible ou vitreux : IVº. le mica : Vº. le quartz
ou criftal de roche : VIº. les criftaux-gemmes :
VIIº. les criftaux bafaltiques ou les fchorls, tourmalines & grenat : VIIIº. enfin la zéolite. Dans
cette diftribution le fpath pefant & le fpath perlé
fe trouvent mal à propos confondus avec le fpath
fufible ; le feld-fpath avec les quartz : les bafaltes
en colonnes avec les fchorls ; mais je crois être
le premier qui ait fait du diamant & des autres
criftaux-gemmes, un genre différent de celui des
quartz ou pierres filiceufes : & cette divifion,
fans en excepter celle du célèbre Cronftedt, étoit,
non la plus complette, mais la moins défectueufe
qui eût encore paru, puifque cet habile Chimifte
avoit non-feulement confondu le fpath pefant avec
les gypfes, mais encore le feld-fpath, le diamant & les gemmes, avec les pierres filiceufes.

La réunion de ces dernières fubftances en un feul
genre, fut reproduite, cette année même, par M.
le chevalier DE BORN, qui (1), divifant toutes
les terres & pierres en *calcaires, vitrefcentes* &

---

(1) Lithophylacium Bornianum, feu Index Foffilium ;
Prague, 1772, in-8.

apyres, ainsi que l'avoient fait Bromel & les premiers Auteurs méthodistes, fut contraint de ranger la sélénite avec le spath pesant dans le genre *calcaire*; le diamant, les gemmes, le schorl & le feld-spath, dans le genre *vitrifiable* ou *siliceux*; & enfin le mica, le fluor minéral ou spath fusible, la zéolite, la tourmaline, la manganaise, & le wolfram, dans le genre des *pierres apyres*; distribution de beaucoup inférieure à celle de Cronstedt, que cet habile Minéralogiste Allemand s'étoit proposé pour modèle.

La *Minéralogie systématique* de M. SCOPOLI (1), qui parut à la même époque, apporta peu de changement à cette classification des substances pierreuses. Non-seulement le spath pesant, mais encore le spath fluor, y furent rapportés au genre *siliceux*. On y fit de plus un nouveau genre des *terres & pierres impures*, où vinrent se ranger la zéolite, le lapis-lazuli, la marne, le bol, le schorl & la manganaise.

Dans ce même temps, le docteur HILL fit paroître à Londres une *Distribution méthodique des fossiles* (2), d'après leurs caractères extérieurs, où les pierres douées d'une forme cristalline dé-

---

(1) J. Ant. Scopoli Principia Mineralogiæ systematicæ & practicæ; *Vetero Pragæ*, 1772, in-8.

(2) Fossils arranged according to their obvious characters; *London*, 1772, in-8.

terminée, conftituent fept genres ou feĉions, qui font : I°. le talc & le mica, y compris la molybdène, la ftéatite, les ferpentines & pierres ollaires : II°. les félénites ou gypfes, y compris le fpath pefant ou pierre de Bologne : III°. le fpath calcaire, où font admis le feld-fpath & le fpath fufible : IV°. le criftal de roche & le quartz : V°. les gemmes, y compris le diamant, le grenat & la tourmaline : VI°. les fchorls, avec les bafaltes en colonnes & la zéolite : VII°. l'asbefte & l'amiante. A l'égard des pierres en maffes informes, le doĉeur Hill en fait un ordre différent, fous le nom de *foffiles compofés* ; & il partage cet ordre en quatre feĉions, dans la première defquelles on trouve l'opale, les agates, les jafpes & le caillou ; dans la feconde, ce font les ardoifes, les fchiftes & les grès ; dans la troifième, les pierres à chaux, les marbres, ainfi que les granites & porphyres ; dans la quatrième enfin, fe trouvent les roches feuilletées, les brèches & les pouddings. Le principal défaut de cette diftribution eft d'avoir rangé parmi les pierres compofées plufieurs pierres qui ne diffèrent de celles que l'Auteur appelle *fimples*, que par la privation d'une forme criftalline à facettes planes déterminées.

Le célèbre WALLERIUS, profitant des découvertes qui s'étoient faites en Lithologie, depuis la première édition de fa Minéralogie, en fit

paroître alors une nouvelle édition (1), confi-
dérablement augmentée & enrichie de notes fa-
vantes, qui en feront toujours un ouvrage des
plus estimables & des plus curieux. L'ancienne
distribution des pierres en *calcaires*, *vitrescibles* &
apyres, s'y trouve augmentée d'un nouvel ordre
qui comprend les pierres *fusibles*. Ce nouvel ordre
dont on sentoit depuis long-temps la nécessité,
réunit donc les pierres basaltiques ou schorliques,
les zéolites, le lapis-lazuli, la tourmaline, la manganaise, le wolfram, l'ardoise, le schiste, les
pierres marneuses, & les roches de corne. Si
l'on voit avec peine dans ce dernier ordre des
substances qui n'ont rien de commun entre elles
que la fusibilité sans intermède, on n'est pas moins
étonné de retrouver dans celui des substances
calcaires, les gypses confondus avec la pierre de
Bologne & les spaths gypseux: d'y retrouver même
le fluor minéral ou spath fusible dont Cronstedt
avoit fait avec raison un genre à part. L'ordre des
pierres *vitrescibles* vient encore nous présenter les
grès suivis du feld-spath, & le quartz ou cristal
de roche suivi du diamant, des gemmes & du
grenat, quoique ce dernier eût dû trouver sa
place dans l'ordre des pierres fusibles : enfin l'ordre

---

(1) Syftema Mineralogicum ; *Holmia*, 1772, in-8 ; le second
volume ne vit le jour qu'en 1778.

des pierres *apyres* offre le mica, le talc & autres subſtances argileuſes qui ſont aujourd'hui connues, d'après les expériences de M. de Sauſſure, pour ne point réſiſter à un dégré de feu d'une certaine intenſité. Il eſt donc bien démontré que les diviſions génériques fondées ſur les propriétés que manifeſtent les pierres lorſqu'on les expoſe au feu, obligent de raſſembler ſous un même point de vue des ſubſtances qui diffèrent entre elles à tout autre égard, ſans parler de l'abus qui a fait donner le nom de *vitreſcibles* à des ſubſtances qui, ſeules & ſans addition, réſiſtent au feu le plus violent de nos fourneaux, tandis qu'on nomme *apyres* ou *réfractaires*, celles qui ne ſont telles qu'à un médiocre dégré de chaleur (1).

Tel étoit l'état de la Lithologie, lorſqu'en 1777 M. SAGE publia la ſeconde édition (2) de ſes

---

(1) M. WERNER, ſavant profeſſeur de Minéralogie, & Inſpecteur de l'Académie des Mines de Freyberg, en Saxe, publia en 1773 un traité en langue allemande *ſur les caractères extérieurs des foſſiles*. Je n'ai point vu ce traité : M. Mongez le jeune dit que le ſyſtéme de M. Werner eſt totalement fondé ſur les caractères apparens aux cinq ſens : " mais, ajoûte-t-il, " il eſt ſi compliqué qu'il ne peut être d'aucun uſage : ſouvent " en multipliant les caractères, bien loin de répandre la clarté, " on augmente l'obſcurité que l'on cherche à diſſiper. Cet Au- " teur, par exemple, compte pour caractères diſtinctifs, la " couleur, dont il donne 54 variétés : la *fracture*, qui lui en " fournit 21, &c. &c. « *Manuel du Minéralogiſte*, p. xxxiv.

(2) *Paris, Imprim. Roy.* deux volumes in-8. La première eſt en un ſeul volume *in-8, Paris,* 1772.

Elémens de Minéralogie docimafiique. Cet habile & profond Chimifte, d'après les principes conf-tituans qu'il a cru devoir adopter & conclure de fes propres analyfes, y diftribue les pierres fimples ou non mélangées, en cinq grandes fections, dont la première, fous le titre de *Combinaifons de l'acide phofphorique avec la terre abforbante*, comprend la pierre à chaux, le marbre, le fpath calcaire, & le fpath fufible ou vitreux. La feconde, fous le titre de *Combinaifons de l'acide vitriolique avec la terre calcaire*, renferme le fpath pefant ou fé-léniteux, le fchifte, l'ardoife, la pierre ollaire, la féatite & le mica. La troifième, fous le titre de *Combinaifons de l'acide phofphorique avec l'al-kali fixe*, nous préfente les fchorls & grenat, la tourmaline, les bafaltes en colonnes, l'amiante, l'asbefte, le diamant, les gemmes & le jade. La quatrième, fous le titre de *Combinaifons de l'acide vitriolique avec la terre abforbante*, renferme la fé-lénite & autres pierres gypfeufes. La cinquième, fous le titre de *Combinaifons de l'acide vitriolique avec l'alkali fixe*, comprend le quartz & le criftal de roche, les cailloux, agates, jafpes & le feld-fpath. Enfin la zéolite & le lapis-lazuli forment un genre particulier dont M. Sage ne détermine point la combinaifon. Sans examiner jufqu'à quel point les analyfes & les expériences de ce cé-lèbre académicien juftifient fa théorie, je me contenterai d'obferver ici que les bafaltes en co-

lonnes, le diamant, & les gemmes inaltérables
au feu, admettent certainement dans leur compofition des principes différens de ceux qui conftituent le fchorl, la tourmaline & le grenat; que
le feld-fpath, d'après fa forme criftalline, fa pefanteur & fa dureté fpécifiques, doit conftituer
une efpèce particulière; que le fpath pefant ou
féléniteux, ne peut être compris dans un même
genre avec la pierre ollaire, le fchifte & le mica;
enfin, que le fpath fufible conftitue une efpèce
très-diftinéte du fpath calcaire, malgré l'identité
de la bafe terreufe qui s'y rencontre. Auffi M.
Sage a-t-il fait lui-même des changemens confi-
dérables à cette diftribution, dans la nouvelle
édition qu'il nous prépare de fon fyftême minéralogique.

M. MONNET, dans un *nouveau Syftême de
Minéralogie* qu'il rendit public en 1779, a fuivi
de très-près la diftribution méthodique des pierres
du célèbre Cronftedt. Il en admet 97 efpèces,
qu'il a diftribuées dans les vingt genres fuivans.

I. Terres & pierres calcaires pures.

II. Terres calcaires impures ou mélangées.

marnes

III. Terre calcaire folidifiée avec le quartz.

tuf

IV. Terre calcaire combinée avec le foufre.

fpath pefant

V. Terres argileufes.

VI. Argiles sèches, bols, tripoli.

VII. Ardoise, schiste, basalte en colonnes, schorl prismatique.

VIII. Pierre alumineuse de la Tolfa.

IX. Schiste alumineux.

X. Pierre ollaire, stéatite, serpentine.

XI. Talc, mica, molybdène, asbeste, amiante.

XII. Feld-spath.

XIII. Pisolite.

XIV. Zéolite, lapis-lazuli.

XV. Spath fusible ou fluor.

XVI. Manganaise.

XVII. Pierre ou roche de corne, *horn-blende*, schorl lamelleux.

XVIII. Caillou, agate, jade, jaspe.

XIX. Quartz, cristal de roche, grès.

XX. Diamant, gemmes, grenat, tourmaline.

De ces vingt genres il y en a dix au moins qui appartiennent à des pierres impures ou mélangées de substances des dix autres genres.

Un autre Chimiste François, M. de FOURCROY, publia en 1782 des *Leçons élémentaires d'Histoire naturelle & de Chimie*, où les pierres & terres simples sont distribuées en *vitreuses*, *argileuses* & *fausses argiles*. La première de ces divisions présente le cristal de roche suivi des gemmes réfractaires & de l'améthiste, tandis que le quartz forme avec les topazes de Saxe & du Brésil, suivis des cailloux, agates, jaspes, & grès, une sub division qui prend le nom de *pierres quartzeufes*. La deuxième divifion qui eft celle des terres & pierres *argileufes*, joint aux argiles fecondaires ou de tranfport, les ardoifes, les fchiftes, & le feld-fpath. Sous la dénomination de *fauffes argiles*, l'Auteur comprend les ftéatites, ferpentines & pierres ollaires, le jade, la plombagine, la molybdène, le talc, le mica, l'amiante, l'asbefte, & généralement toutes les pierres argileufes qui appartiennent aux roches primitives du fecond ordre. Enfin il regarde comme des terres & pierres *compofées*, non-feulement les ocres, la macle de Bretagne & le trapp des Suédois, mais encore les zéolites, le fchorl, la tourmaline, les gemmes fufibles fans addition, le grenat & les criftaux de volcans. Ce n'eft point parmi les pierres, mais dans la claffe des Sels, qu'il a rangé la félénite & les autres pierres gypfeufes, ainfi que le fpath calcaire, le marbre, le fpath fluor, & le fpath pefant. On ne peut difconvenir que ces dernières fubftances ne foient avec raifon confidérées comme des combinaifons falines proprement dites ; mais toutes, à l'exception de la félénite ou gypfe, étant infolubles dans l'eau, on ne voit pas pourquoi elles fe trouvent au nombre des fels, piutôt que le criftal de roche, les gemmes, le fchorl, la tourmaline & les autres fels-pierres également infolubles dans l'eau.

On doit à M. Ferber, célèbre profeffeur de

Chimie à Mittaw, la rédaction & la publication
du syſtême minéralogique de l'illuſtre BERGMAN.
Ce ſyſtême, uniquemement fondé ſur l'analyſe
chimique, parut en 1782, ſous le titre de *Scia-*
graphia regni mineralis (1). Les pierres y ſont
diſtribuées en cinq genres ou ſections qui portent
le nom du principe terreux le plus eſſentiel aux
ſubſtances pierreuſes qui y ſont compriſes. Ainſi,
dans ce ſyſtême, la *terre peſante* ne préſente qu'une
ſeule combinaiſon pierreuſe homogène, qui eſt
le ſpath peſant. La *chaux* comprend le ſpath calcaire, le ſpath fluor, le *tungſten* ou pierre peſante, &c.; (le gypſe ou ſélénite, à raiſon de
ſa ſolubilité dans l'eau, étant claſſé parmi les ſels
moyens terreux). La *magnéſie*, qui eſt la troi-
ſième terre ſimple de M. Bergman, préſente les
ſtéatites, ſerpentines & pierres ollaires, l'asbeſte,
l'amiante & certains ſchiſtes. L'*argile*, ou *terre*
alumineuſe, offre non-ſeulement les bols & autres
argiles de tranſport, mais encore les gemmes réfractaires, le grenat, le ſchorl, la tourmaline,
l'émeraude du Bréſil, la zéolite & le mica. Enfin
la *terre ſiliceuſe*, comprend le quartz ou criſtal
de roche, les agates, le caillou, le jaſpe, le
petroſilex & le feld-ſpath. Quant au diamant, il

---

(1) M. Mongez le jeune vient de le traduire en françois
avec des augmentations conſidérables, ſous le titre de *Manuel*
du Minéralogiſte, &c.; *Paris*, 1784, in-8.

forme un genre particulier dans la claſſe des bitumes ou ſubſtances phlogiſtiquées.

M. Kirwan, en adoptant ces cinq genres fondamentaux de M. Bergman, a fait quelques changemens à cette diſtribution dans les *Elémens de Minéralogie* qu'il a publiés à Londres cette année. Le *genre calcaire* marche le premier, & contient de plus le gypſe ou ſélénite que M. Bergman avoit relégué dans la claſſe des ſels. Vient enſuite le *genre barotique*, ou de la terre peſante; puis le *genre muriatique*, ou de la *magnéſie*, lequel renferme les mêmes ſubſtances que M. Bergman y avoit compriſes, mais de plus le talc & le mica rapportés au ſeul genre argileux par le Chimiſte Suédois. M. Kirwan a de plus retranché de ce même *genre argileux*, les gemmes, le grenat, le ſchorl & la tourmaline, pour les introduire dans le *genre ſiliceux*, avec le lapis-lazuli, le trapp, les laves, la pierre-ponce & l'agate noire d'Iſlande, qui n'eſt autre choſe qu'un émail ou verre de volcan; mais toutes ces ſubſtances, j'oſe le dire, ſont auſſi déplacées dans le genre du criſtal de roche, qu'elles l'étoient dans celui de l'argile ou terre alumineuſe.

Cette même année, 1784, vient de voir éclore un nouveau ſyſtême de Minéralogie dans le *Tableau méthodique des minéraux ſuivant leurs différentes natures*, par M. Daubenton, de l'Académie Royale des Sciences. Le premier ordre de ce tableau contient les fables, terres & pierres, & ces fubftances y font diftribuées par claffes, genres, fortes & variétés. Les caractères CLAS-SIQUES y font tirés de la dureté fuffifante pour donner ou non des étincelles par le choc du briquet, & de l'effervefcence ou non effervefcence avec les acides. Les GENRES ont pour caractères diftinctifs la caffure ou le tiffu, quelquefois la tranfparence ou l'opacité, &c. Les SORTES font déterminées, tantôt par les couleurs, tantôt par le grain, la caffure, le tiffu, la furface, la tranf-parence, l'opacité; & enfin ces mêmes propriétés, ou bien la forme criftalline, lorfqu'elle fe pré-fente, diftinguent les VARIÉTÉS.

On voit qu'il ne peut être queftion d'ESPÈCES proprement dites, dans un pareil fyftême, puifque ces efpèces ne peuvent être affignées que d'après les caractères réunis de la forme criftalline, de la pefanteur & de la dureté fpécifiques, carac-tères primitifs & invariables qui, dans les fub-ftances pierreufes, ne peuvent être fuppléés par ceux que l'on tireroit du tiffu, de la tranfparence, propriétés très variables dans la méme efpèce, comme je l'ai démontré précédemment. Auffi la claffe des *pierres fcintillantes*, offre-t-elle dans ce fyftême neuf genres de pierres plus ou moins dures, qui font : 1°. le quartz ou criftal de roche : 2°. les agates, le caillou, le jade & le petro-filex : 3°. les pierres meulières, les cailloux onyces

& les jafpes : 4°. le feld-fpath que M. Daubenton décore du beau nom de *fpath étincelant* : 5°. les criftaux-gemmes diftingués par leurs couleurs : 6°. les gemmes tourmalines : 7° les tourmalines : 8°. les fchorls : 9°. la pierre d'azur ou lapis-lazuli. La claffe des pierres *non fcintillantes* &. *non ef-fervefcentes*, eft compofée de dix genres qui font : 1°. les argiles & glaifes : 2°. les fchiftes & ardoifes : 3°. le talc ou mica : 4°. les ftéatites & pierres ollaires : 5° les ferpentines : 6° l'amiante & l'asbefte : 7°. la zéolite : 8°. le fpath fluor: 9°. le fpath pefant : 10°. le tungften ou pierre pefante. La claffe des pierres *effervefcentes* ne contient que cinq genres, qui font : 1°. les terres calcaires: 2°. les pierres à chaux : 3°. les marbres: 4°. le fpath calcaire : 5°. les concrétions ou ftalactites. A ces trois claffes le célèbre Académicien en ajoute une pour les terres & pierres *mélangées ;* il renvoie le gypfe ou pierre à plâtre, dans l'ordre des fels foffiles, & le diamant dans celui des fub-ftances combuftibles.

Enfin M. SAGE, Profeffeur de l'Ecole Royale des Mines, donne dans fa *Chimie élémentaire*, actuellement fous preffe, fon premier fyftême lithologique rectifié de la manière fuivante :

I. Pierre calcaire.

II. Spath vitreux.

I. Gemme combuftible ; *diamant.*

II.

II. Gemmes inaltérables au feu ; *rubis, faphir, topaʒe d'Orient, chryfolite, béril, hyacinte.*

III. Gemmes altérables au feu ; *émeraude, topaʒe du Bréfil, jade.*

IV. Feld-fpath.

V. Tourmaline.

VI. Asbefte, amiante.

VII. Schorl.

VIII. Grenat.

IX. Schorl en roche.

I. Gypfe, félénite.

II. Spath pefant.

I. Quartz.

II. Criftal de roche.

III. Aventurine.

IV. Grès.

V. Agate.

VI. Jafpe.

I. Granite.

II. Granitoïde.

III. Roches compofées.

IV. Brêche dure en jafpe.

V. Poudings.

VI. Pierre ollaire.

VII. Stéatite.

VIII. Mica.

IX. Zéolite.

X. Argile.
XI. Ardoise.
XII. Terre végétale.

FIN.

FAUTES A CORRIGER.

Page 1, ligne 2 *de la note*. Profonde *lisez* profondes.
  24, ligne 21. *spécifiques* lisez *spécifiques*.
Tableau minéralogique, colonne D. ligne 2, DISSOOLUBLE;
  lisez DISSOLUBLE.

APPROBATION.

J'ai lu, par ordre de Monſeigneur le Garde des Sceaux, la ſuite de la Criſtallographie de M. DE ROMÉ DE L'ISLE, qui a pour titre : *Des Caractères extérieurs des Minéraux, &c.* & je n'y ai rien trouvé qui puiſſe en empêcher l'impreſſion. A Paris, ce 20 Novembre 1784.

SAGE.

Le Privilège ſe trouve au Tome premier de la Criſtallographie.

TABLEAU LITHOLOGIQUE

OU DES SUBSTANCES PIERREUSES,

Pour servir de suite à la Cristallographie de M. DE ROMÉ DE L'ISLE, 1783.

GENRES artificiels.	DÉNOMINATIONS.	PRINCIPES CONSTITUANS.	PESANTEUR spécifique.	DURETÉ spécifique.	FORME CRISTALLINE PRIMITIVE.	PLANCHES de la Cristallographie.	PROPRIÉTÉS REMARQUABLES.	PIERRES qui y sont comprises.	LIEUX où on les trouve.	SUBSTANCES qui les accompagnent.	
I.	SÉLÉNITE.	Sel neutre vitriolique, à base de terre absorbante.	23,240.	3.	Décaèdre rhomboïdal, dérivant d'un octaèdre qui a ses angles de 52° & 128°, & ses faces inclinées de 145° & 110°.	Pl. V, fig. 27 & suiv.	La plus légère de toutes les pierres; calcinée, elle devient plâtre, & ne s'échauffe point avec l'eau : ne fait point effervescence avec les acides.	Gypse ou pierre à plâtre. Albâtre gypseux. Gypse fibreux. Stalactite gypseuse. Terre ou poussière gypseuse.	Dans les terrains calcaires à couches horizontales, & dans les montagnes qui succèdent aux roches feuilletées du second ordre.	Elle avoisine le sel-gemme, les sources salées, les glaises, les marnes, & quelquefois le soufre.	L'analyse quatre l'espèce vol. I, à quel périen 1768; vent êt
II.	SPATH CALCAIRE.	Sel neutre, insoluble dans l'eau, résultant de la combinaison de l'acide méphitique avec la terre absorbante.	27,151.	6.	Dans le *Cristal d'Islande*, ou *Spath calcaire primitif*, c'est un parallélipipède rhomboïdal de 77° 30', & de 102° 30', ayant deux angles solides obtus diagonalement opposés, de 110°. Dans le *Spath calcaire muriatique* ou *secondaire*, c'est un parallélipipède rhomboïdal de 75° & 105°, ayant deux angles solides aigus diagonalement opposés, de 65°.	Pl. IV, fig. 1 & suiv. Pl. IV, fig. 45 & suiv.	Produit une double réfraction lorsqu'on regarde un objet à travers, dans le sens de la grande diagonale du rhombes : fait effervescence avec les acides ; calciné, devient chaux, qui s'échauffe avec l'eau. Il est douteux qu'il possède la double réfraction du précédent : ses propriétés dans le feu & les acides sont les mêmes : souvent il est phosphorique.	Marbre blanc. — gris. — noir. Stalactites & Stalagmites. Flos-ferri. Pierre puante hépatique. Albâtre calcaire ou Oriental. Incrustations & dépôts calcaires. Fisolites. Oolites. Pierre-porc bitumineuse.	Dans les montagnes primitives du second ordre, & dans les roches glanduleuses. Souvent par filons. Dans les montagnes à couches marines ou secondaires, & dans les grottes qui s'y rencontrent.	Les stéatites, serpentines & pierres ollaires, les cristaux de fer octaèdres, le quartz, les schorls, grenats & mines de fer spathiques. Les coquilles & autres corps marins fossiles, les grès calcaires, les bitumes, les eaux thermales.	Le spath du gen connoi... Les min ai-je p les r daire.
III.	SPATH PESANT ou SÉLÉNITEUX. *Spath perlé.*	Sel-pierre vitriolique à base de terre calcaire modifiée, désignée sous le nom de *terre pesante.* Sel-pierre à base de terre calcaire, moins modifiée que la précédente.	44,408. 28,378.	5. 6½.	Octaèdre rectangulaire dont les faces les plus inclinées donnent des angles de 77°, 105°, & les moins inclinés des angles de 75°, 105°. Parallélipipède rhomboïdal, peu différent de celui du Cristal d'Islande, mais souvent curviligne.	Pl. III, fig. 53 & suiv. Pl. IV, fig. 1.	La plus pesante de toutes les pierres; calcinée, devient phosphorique, & est alors connu sous le nom de *phosphore de Bologne.* Fait une légère & tardive effervescence avec l'acide nitreux, qui y laisse une tache jaunâtre.	Pierre de Bologne. En Stalactites. Albâtre pesant. Cawk des Anglois. Mine de fer spathique ébauchée par la nature.	Dans les filons des mines métalliques. ... les filons des mines métalliques.	Les mines de mercure en cinabre, les pyrites, le soufre, la galène, les mines d'antimoine, les schistes bitumineux. Les pyrites & marcassites, les spaths pesants, les mines de fer spathiques.	Le spath & ne que p p. 32 Quoiqu du ge leme état spath

…AU LITHÉOLOGIQUE
…S SUBSTANCES PIERREUSES,
à la Cristallographie de M. DE ROMÉ DE L'ISLE, 1783.

…ITIVE.	PLANCHES de la Cristallographie.	PROPRIÉTÉS REMARQUABLES.	PIERRES qui y sont comprises.	LIEUX où on les trouve.	SUBSTANCES qui les accompagnent.	OBSERVATIONS.
dérivant … les an- , & ses 145° &	Pl. V, fig. 27 & suiv.	La plus légère de toutes les pierres ; calcinée, elle devient *plâtre*, & ne s'échauffe point avec l'eau : ne fait point effervescence avec les acides.	Gypse ou pierre à plâtre. Albâtre gypseux. Gypse fibreux. Stalactite gypseuse. Terre ou poussière gypseuse.	Dans les terrains calcaires à couches horizontales, & dans les montagnes qui succèdent aux roches feuilletées du second ordre.	Elle avoisine le sel-gemme, les sources salées, les glaises, les marnes, & quelfois le soufre.	L'analyse nous a fait connoître les genres naturels de nos quatre premiers genres artificiels : ainsi, la *Sélénite* constitue l'espèce 7 du genre des *Vitriols*. Voyez *Cristallographie*, vol. I, p. 321 & 441. La dureté spécifique des pierres est, à quelques légères différences près, évaluée d'après les expériences de M. *Quist*, *Mém. de l'Acad. de Stokholm*, année 1768 ; elles ne sont pas d'une exactitude rigoureuse, & ne doivent être encore considérées que comme une approximation.
…de, ou …if, c'est …omboï- …e 102° …gles so- …alement	Pl. IV, fig. 1 & suiv.	Produit une double réfraction lorsqu'on regarde un objet à travers, dans le sens de la grande diagonale des rhombes : fait effervescence avec les acides ; calciné, devient *chaux*, qui s'échauffe avec l'eau.	Marbre blanc. —— gris. —— noir. Stalactites & Stalagmites. *Flos-ferri*. Pierre puante hépatique.	Dans les montagnes primitives ou second ordre, & dans les roches glanduleuses. Souvent par filons.	Les stéatites, serpentines & pierres ollaires, les cristaux de fer octaèdres, le quartz, les schorls, grenats & mines de fer spathiques.	Le spath calcaire primitif & secondaire constitue l'espèce 5 du genre Méphitique, ainsi que l'analyse nous l'a fait connoître. Voyez *Cristallographie*, vol. I, pag. 270 & 277.
: *muria-* c'est un …nboïdal …nt deux diago- de 65°.	Pl. IV, fig. 45 & suiv.	Il est douteux qu'il possède la double réfraction du précédent : ses propriétés dans le feu & les acides sont les mêmes : souvent il est phosphorique.	Albâtre calcaire ou Oriental. Incrustations & dépôts calcaires. Pisolites. Oolites. Pierre-porc bitumineuse.	Dans les montagnes à couches marines ou secondaires, & dans les grottes qui s'y rencontrent.	Les coquilles & autres corps marins fossiles, les grès calcaires, les bitumes, les eaux thermales.	Les mines de fer spathiques présentent toujours la forme & les modifications du *Spath calcaire primitif*; du moins n'en ai-je point encore observé qui présentassent la forme & les modifications du *Spath calcaire muriatique* ou *secondaire*.
· dont …clinées …e 77°, …clinées …5°.	Pl. III, fig. 53 & suiv.	La plus pesante de toutes les pierres ; calcinée, devient phosphorique, & est alors connue sous le nom de *phosphore de Bologne*.	Pierre de Bologne. En Stalactites. Albâtre pesant. *Cauk* des Anglois.	Dans les filons des mines métalliques.	Les mines de mercure en cinabre, les pyrites, le soufre, la galène, les mines d'antimoine, les schistes bitumineux.	Le spath pesant constitue l'espèce 8 du genre des Vitriols, & ne diffère de la sélénite, quant aux principes constituans, que par sa base terreuse. Voyez *Cristallographie*, vol. I, p. 324 & 577.
…cidal, …& du …& sou-	Pl. IV, fig. 1.	Fait une légère & tardive effervescence avec l'acide nitreux, qui y laisse une tache	Mine de fer spathique ébauchée par la nature.	Dans les filons des mines métalliques.	Les pyrites & marcassites, les spaths pesants, les mines de fer spathiques.	Quoique le *Spath perlé* fasse, dans ma Cristallogr. l'espèce 3 du genre artificiel des Spaths séléniteux, il diffère essentiellement du *spath pesant*, & doit être regardé comme un état intermédiaire entre le *spath calcaire* & la mine de fer spathique.

II.	SPATH CALCAIRE.	Sel neutre insoluble dans l'eau, résultant de la combinaison de l'acide méphitique avec la terre absorbante.	27,131.	6.	Dans le *Cristal d'Islande*, ou *Spath calcaire primitif*, c'est un parallélipipède rhomboïdal de 77° 30', & de 102° 30', ayant deux angles solides obtus diagonalement opposés, de 110°.	Pl. IV, fig. 1 & suiv.	Produit une double réfraction lorsqu'on regarde un objet à travers, dans le sens de la grande diagonale des rhombes : fait effervescence avec les acides ; calciné, devient chaux, qui s'échauffe avec l'eau.	Marbre blanc. — gris. — noir. Stalactites & Stalagmites. *Flos-ferri.* Pierre puante hépatique.	Dans les montagnes primitives du second ordre, & dans les roches glanduleuses. Souvent par filons.	Les stéatites, serpentines & pierres ollaires, les cristaux de fer octaèdres, le quartz, les schorls, grenats & mines de fer spathiques.	[illegible]
					Dans le *Spath calcaire muriatique* ou *secondaire*, c'est un parallélipipède rhomboïdal de 75° & 105°, ayant deux angles solides aigus diagonalement opposés, de 65°.	Pl. IV, fig. 45 & suiv.	Il est douteux qu'il possède la double réfraction du précédent : ses propriétés dans le feu & les acides sont les mêmes : souvent il est phosphorique.	Albâtre calcaire ou Oriental. Incrustations & dépôts calcaires. Pisolites. Oolites. Pierre-ponce bitumineuse.	Dans les montagnes à couches marines ou secondaires, & dans les grottes qui s'y rencontrent.	Les coquilles & autres corps marins fossiles, les grès calcaires, les bitumes, les eaux thermales.	[illegible]
III.	SPATH PESANT ou SÉLÉNITEUX.	Sel-pierre vitriolique à base de terre calcaire modifiée, désignée sous le nom de *terre pesante*.	44,408.	5.	Octaèdre rectangulaire dont les faces les plus inclinées donnent des angles de 77°, 103°, & les moins inclinées des angles de 75°, 105°.	Pl. III, fig. 53 & suiv.	La plus pesante de toutes les pierres ; calcinée, devient phosphorique, & est alors connue sous le nom de *phosphore de Bologne*.	Pierre de Bologne. En Stalactites. Albâtre pesant. *Eaux des Anglois.*	Dans les filons des mines métalliques.	Les mines de mercure en cinabre, la galène, les mines d'antimoine, les schistes bitumineux.	[illegible]
	Spath perlé.	Sel-pierre à base de terre calcaire, moins modifiée que la précédente.	28,378.	6¾.	Parallélipipède rhomboïdal, peu différent de celui du Cristal d'Islande, mais souvent curviligne.	Pl. IV, fig. 1.	Fait une légère & tardive effervescence avec l'acide nitreux, qui y laisse une tache jaunâtre.	Mine de fer spathique ébauchée par la nature.	Dans les filons des mines métalliques.	Les pyrites & marcassites, les spaths pesants, les mines de fer spathiques.	[illegible]
IV.	SPATH FUSIBLE ou FLUOR.	Sel-pierre, formé par l'union de l'acide fluorique avec la terre absorbante.	31,555.	7.	Le cube, & quelquefois l'octaèdre aluminiforme, qui est son inverse.	Pl. II, fig. 1, & Pl. III, fig. 1.	Infusible sans addition ; se dissout dans les acides sans effervescence. Sa poudre est phosphorique sur les charbons ardens.	Fausse Émeraude. Fausse Topaze. Fausse Améthiste. Faux Rubis. Faux Saphir. Albâtre vitreux.	Dans les filons des mines métalliques.	Avec les quartz, les pyrites, la blende, la galène, &c.	[illegible]
V.	ZÉOLITE.	Sel-pierre, dont la nature est encore inconnue.	27,012.	8.	Le cube avec des modifications différentes de celles du Spath fusible.	Pl. II, fig. 1.	Se dissout sans effervescence dans l'acide nitreux, avec lequel elle forme une espèce de gelée. Fusible sans addition.	*Lapis-lazuli*, dont on ignore encore la position sur ce globe.	La blanche se trouve dans les produits des anciens volcans sous-marins.	Les basaltes & laves poreuses, la calcédoine, le jaspe.	[illegible]
VI.	QUARTZ ou CRISTAL DE ROCHE.	Ses principes constituans nous sont inconnus.	26,500.	11.	Dodécaèdre à plans triangulaires isocèles, de 40° & 70°, inclinés de 52°, ce qui donne 104° à la rencontre des bases des deux pyramides hexaèdres, souvent avec un prisme intermédiaire, plus ou moins long, dont tous les angles sont de 120°.	Pl. VI, fig. 19 & suiv.	Fait feu avec le briquet ; infusible & invitrifiable sans addition : insoluble dans les acides, excepté, dit Bergman, dans l'*acide fluorique*. Se fond aisément à l'aide de l'alkali fixe, du borax ou des chaux métalliques.	Outre le Cristal de roche & le quartz, on a le grès, le Silex, le Pétrosilex, l'Agate, la Calcédoine, la Cornaline, la Sardoine, l'Opale, la Chrysoprase, le Jaspe, l'Aventurine.	Dans les montagnes granitiques. Dans les filons & les géodes. Dans les couches tertiaires. Dans les bancs marneux. Dans les anciens produits volcaniques d'Allem. d'Italie, de France, de Ferroë, &c. Dans les filons. Dans les montagnes primitives.	Feld-spath, schorl, mica, stéatite, &c. Souvent avec un gluten calcaire.	[illegible]

...nde, ou ...if, c'est ...omboï- ...102° ...gles fo- alement	Pl. IV, fig. 1 & suiv.	Produit une double réfraction lorsqu'on regarde un objet à travers, dans le sens de la grande diagonale des rhombes : fait effervescence avec les acides ; calciné, devient *chaux*, qui s'échauffe avec l'eau.	Marbre blanc. — gris. — noir. Stalactites & Stalagmites. *Flos-ferri.* Pierre puante hépatique.	Dans les montagnes primitives du second ordre, & dans les roches glanduleuses. Souvent par filons.	Les stéatites, serpentines & pierres ollaires, les cristaux de fer octaèdres, le quartz, les schorls, grenats & mines de fer spathiques.	Le spath calcaire primitif & secondaire constitue l'espèce 5 du genre Méphitique, ainsi que l'analyse nous l'a fait connoître. Voyez *Cristallographie*, vol. I, pag. 270 & suiv.
: muria- c'est un ...nboïdal ...nt deux diago- de 65°.	Pl. IV, fig. 45 & suiv.	Il est douteux qu'il possède la double réfraction du précédent : ses propriétés dans le feu & les acides sont les mêmes : souvent il est phosphorique.	Albâtre calcaire ou Oriental. Incrustations & dépôts calcaires. Pisolites. Oolites. Pierre-porc bitumineuse.	Dans les montagnes à couches marines ou secondaires, & dans les grottes qui s'y rencontrent.	Les coquilles & autres corps marins fossiles, les grès calcaires, les bitumes, les eaux thermales.	Les mines de fer spathiques présentent toujours la forme & les modifications du *Spath calcaire primitif*; du moins n'en ai-je point encore observé qui présentassent la forme & les modifications du *Spath calcaire muriatique* ou *secondaire.*
: dont ...clinées ...e 77°, ...clinées ...05°.	Pl. III, fig. 53 & suiv.	La plus pesante de toutes les pierres ; calcinée, devient phosphorique, & est alors connue sous le nom de *phosphore de Bologne.*	Pierre de Bologne. En Stalactites. Albâtre pesant. *Cauk* des Anglois.	Dans les filons des mines métalliques.	Les mines de mercure en cinabre, les pyrites, le soufre, la galène, les mines d'antimoine, les schistes bitumineux.	Le spath pesant constitue l'espèce 8 du genre des Vitriols, & ne diffère de la sélénite, quant aux principes constituans, que par sa base terreuse. Voyez *Cristallographie*, vol. I, p. 324 & 577.
...oïdal, ...lui du ...ais fou-	Pl. IV, fig. 1.	Fait une légère & tardive effervescence avec l'acide nitreux, qui y laisse une tache jaunâtre.	Mine de fer spathique ébauchée par la nature.	Dans les filons des mines métalliques.	Les pyrites & marcassites, les spaths pesants, les mines de fer spathiques.	Quoique le *Spath perlé* fasse, dans ma Cristallogr. l'espèce 3 du genre artificiel des Spaths séléniteux, il diffère essentiellement du *spath pesant*, & doit être regardé comme un état intermédiaire entre le *spath calcaire* & la mine de fer spathique.
...is l'oc- ...e, qui	Pl. II, fig. 1, & Pl. III, fig. 1.	Infusible sans addition ; se dissout dans les acides sans effervescence. Sa poudre est phosphorique sur les charbons ardens.	Fausse Emeraude. Fausse Topaze. Fausse Améthiste. Faux Rubis. Faux Saphir. Albâtre vitreux.	Dans les filons des mines métalliques.	Avec les quartz, les pyrites, la blende, la galène, &c.	C'est la dernière des substances pierreuses qui nous soit connue par l'analyse. Elle constitue l'espèce 4 du genre Fluorique. Voyez *Cristallogr.* vol. I, p. 263, & vol. II, p. 1.
...ications ...u Spath	Pl. II, fig. 1.	Se dissout sans effervescence dans l'acide nitreux, avec lequel elle forme une espèce de gelée. Fusible sans addition.	*Lapis-lazuli*, dont on ignore encore la position sur ce globe.	La blanche se trouve dans les produits des anciens volcans sous-marins.	Les basaltes & laves poreuses, la calcédoine, le jaspe.	L'analyse y a fait trouver une base argileuse, siliceuse & calcaire ; mais on ignore encore le principe d'union de ces différentes terres. On n'obtient point d'eau par la distillation de la zéolite en cubes diaphanes : celle qui est opaque & d'un blanc mat, en fournit plus ou moins.
...riangu- ...40° & ..., ce qui ...ncontre ...pyrami- ...ent avec ...aire, plus ...ant tous ...110°.	Pl. VI, fig. 19 & suiv.	Fait feu avec le briquet : infusible & invitrifiable sans addition : insoluble dans les acides, excepté, dit Bergman, dans l'*acide fluorique.* Se fond aisément à l'aide de l'alkali fixe, du borax ou des chaux métalliques.	Outre le Cristal de roche & le quartz, on a le grès, le Silex, le Pétrosilex, l'Agate, la Calcédoine, la Cornaline, la Sardoine, l'Opale, la Chrysoprase, le Jaspe, l'Avanturine.	Dans les montagnes granitiques. Dans les filons & les géodes. Dans les couches tertiaires. Dans les bancs marneux. Dans les anciens produits volcaniques d'Allem. d'Italie, de France, de Ferroë, &c. Dans les filons. Dans les montagnes primitives.	Feld-spath, schorl, mica, stéatite, &c. Souvent avec un gluten calcaire.	Le quartz pur ou mélangé est, parmi les substances pierreuses, une des plus universellement répandues sur notre globe. On trouve des *cristaux de roche* très-homogènes dans des géodes marneuses, de même que dans les géodes quartzeuses il n'est pas rare de rencontrer de beaux cristaux de *spath calcaire.* Voyez *Cristallographie*, vol. II, p. 78 & 143.

Genres artificiels.	Dénominations.	Principes constituans.	Pesanteur spécifique.	Dureté spécifique.	Forme cristalline primitive.	Planches de la Cristallographie.	Propriétés remarquables.	Pierres qui y sont comprises.	Lieux où on la trouve.	Substances qui les accompagnent.	Observations.
VII.	*Gemmes du I. Ordre.*										
	1. DIAMANT.	Inconnus.	35,212.	20.	Octaèdre à sommet forme, se modifient en dodécaèdre à plans rhombes de 70° 110°.	Pl. III, fig. 1.	La plus dure de toutes les pierres. Se brûle & se volatilise à un certain degré de feu.	Diamant d'Orient, Diamant du Brésil, Diamant de couleur.	Dans les montagnes primitives du second Ordre.	La Stéatite & les Argiles primitives.	La combustibilité du Diamant peut le faire considérer comme une espèce très-particulière de phosphore, à soustraire ou de substance inflammable.
	2. RUBIS D'ORIENT.	Inconnus.	42,833.	17.	Deux pyramides hexaèdres... Angle du sommet 20° à 120°.	Pl. VI, fig. 7.	La plus pesante des gemmes, réfractaire au feu le plus violent.	Saphir d'Orient, Saphir bleu, Topaze d'Orient.	Même au Pégou & en France.	Avec les Hyacinthes & les Cristaux de fer octaèdres.	Les deux pyramides hexagones font décomposer des Rubis, Saphir & Topaze d'Orient, ne se ... par une modification du parallélipipède rhomboïdal ?
	3. RUBIS SPINELLE.	Inconnus.	37,600.	19.	Octaèdre à sommet forme 70° 110°.	Pl. III, fig. 1.	Brun, cristallisé & resplendissant & jamais émoussé.	Identique avec le Rubis balais, quelquefois sans couleur.	A Ceylan dans les montagnes primitives du second Ordre.	Avec les Hyacinthes & le Jargon de Ceylan.	Il peut être teinturé de bleus, de jaunes, d'orangés, ou de toute autre couleur.
	4. TOPAZE DU BRÉSIL.	Inconnus.	35,365.	14.	Octaèdre rhomboïdal à plans triangulaires en sommet... par un prisme rhomboïdal de 120° à 60°.	Pl. V, fig. 11 & suiv.	A un certain degré de feu sa couleur prend ... & l'on vend alors comme pierre pour Rubis du Brésil.	Identique avec le Rubin du Brésil, le Saphir du Brésil & la Topaze blanche du Brésil. Chatoyantes du Brésil.	Dans les roches fossilifères primitives du second Ordre.	Avec les Diamant, Péridot & Schorl ou Tourmaline verte du Brésil.	Confondue ou représentée avec les Schorls & Tourmalines par les stries longitudinales de fer; mais elle n'est point fusible sans addition, comme ... Gemmes du second Ordre.
	5. ÉMERAUDE DU PÉROU.	Inconnus.	27,755.	12.	Prisme hexaèdre manquant des extrémités, 120°.	Pl. IV, fig. 18, 109, &c.	Ne se vitrifie point, mais se fondille au feu. Se fond par l'intermède de l'acide phosphorique animal.	Identique avec la Chrysolite du Brésil & avec l'Aigue-marine ou Béril du Brésil, du Sibérie, de Saxe, &c.	Dans les roches granitiques d'Asie, d'Amérique, de Saxe & de France.	Avec les Feld-Spath, Schorl & Mica, le Spath calcaire primitif, la Stéatite, &c.	Celles qui sont mêlangées de molécules hétérogènes, argileuses ou calcaires, donnent difficilement des étincelles avec le briquet; d'autres renferment des Marcassites, des Cristaux d'étain, &c.
	6. TOPAZE DE SAXE.	Inconnus.	35,640.	13.	Octaèdre prismatique rectangulaire... angle de 92° & 112°.	Pl. III, fig. 77 & suiv.	Se change en émail blanc à un degré de feu très-violent.	Identique avec la Chrysolite de Saxe. Quelquefois blanche & sans couleur.	Dans les roches granitiques de Saxe & de Bohême.	Avec le Quartz & les Cristaux d'étain.	La Topaze de Saxe est souvent sans couleur & parfaitement diaphane, d'autres fois elle est opaque & d'un blanc mat.
	7. CHRYSOLITE.	Inconnus.	30,989.	10.	Prisme hexaèdre, ou subdodécaèdre par la troncature des arêtes, terminé par deux pyramides à plans triangulaires inclinés de 50° & 65°, inclinés de 40°.	Pl. VI, fig. 15 & suiv.	Très-réfractaire. Les stries de son prisme sont longitudinales.	Chrysolite blanche. Chrysolite en grains.	En Espagne & en France dans les roches primitives, & dans les roches volcaniques.	Avec le Feld-Spath, le Quartz & le Mica.	M. Faujas de Saint-Fond en a trouvé d'altérées dans les produits volcaniques, & qui se laissent alors couper comme de la cire.
	8. HYACINTE.	Inconnus.	36,873.	13.	Dodécaèdre à plans rhombes, dont 8 ont des angles de 73° 107°, & les 4 autres rhombes de 65° à 115°.	Pl. IV, fig. 112 & suiv.	Elle blanchit à un feu violent sans y perdre sa transparence, & prend alors le nom de Jargon d'Hyacinthe.	Soupçonnée d'être identique avec le Jargon de Ceylan. La rouge prend le nom de Vermeille.	Dans les roches primitives du second Ordre. En France, & dans les Indes Orientales.	Accompagne le Grenat, le Schorl, les Saphirs d'Orient, le Fer octaèdre.	M. de Bournon vient de trouver dans le lit de la rivière d'Expailly de très-petites Hyacinthes, variées quant à la couleur, étant plusieurs ... un octaèdre à plans forbaisés, différent de celui de la Pl. III, fig. 15, en ce que l'angle du commun est de 93°, ce qui donne 83° pour l'angle de la base des pyramides. Lorsque les 4 angles irrités de la base de cet octaèdre sont tronqués, on a le dodécaèdre de l'Hyacinte vraie, Pl. IV, fig. 112.
VIII.	*Gemmes du II. Ordre.*										
	1. GRENAT.	Inconnus.	41,888.	12.	Dodécaèdre à plans rhombes de 70° à 110°.	Pl. IV, fig. 106 & suiv.	Souvent attirable à l'aimant. Fusible sans addition.	Grenat trapézoïdal. Grès grenatique. Grenat blanc des volcans.	Dans les Granites, & plus fréquemment dans les roches fossilifères primitives de second ordre.	Le Feld-Spath, le Quartz, le Mica, le Schorl, les Stéatites & Serpentines.	Infusible lorsqu'il a perdu le fer auquel il doit sa couleur; se convertit en argile blanche par la réaction des acides.
	2. TOURMALINE ou SCHORL.	Inconnus.	30,942.	10.	Parallélipipède rhomboïdal très-comprimé: angle du sommet 137°, jonction des bases 45°.	Pl. IV, fig. 89 & suiv.	La plus électrique de toutes les pierres. Varie beaucoup dans sa forme, & très-souvent en long prisme.	Le Péridot de Ceylan. L'Émeraude ou Péridot du Brésil. La Pierre de touche. Le Trapp des Suédois.	Dans les Granites & les roches fossilifères primitives du second Ordre: souvent rejeté par les volcans.	Avec les substances précédentes, & les antiques produits des volcans.	Passe à l'état d'argile blanche comme le Grenat: les Schorls argileux sont plus ou moins rendres, & sont quelquefois désignés sous le nom de Roche de Corne. La Horn-blende des Allemands n'est qu'un Schorl feuilleté, commun dans les Granites.
IX.	FELD-SPATH.	Inconnus.	24,312.	9.	Prisme tétraèdre rectangulaire ayant 2 plans parallèles, inclinés sur le prisme de 65°, angle obtus 115°.	Pl. IV, fig. 85 & suiv.	Tissu lamelleux, qui le rend chatoyant. Fusible sans addition. Étincelle sous le briquet: mais moins que le quartz.	Pierres des Chinois. Œil de chat. Pierre de Labrador.	Principale base des Granites. Disséminé dans les Porphyres & dans les roches bouillonnées.	Avec les composans du Granite, les Jaspes, les Stéatites, & dans les produits des anciens volcans.	Passe en se décomposant à l'état d'argile blanche récristaire, dite Kaolin; c'est donc le principal ingrédient de la porcelaine, puisqu'il y entre à l'état pierreux sous le nom de Petunzé, & à l'état argileux sous celui de Kaolin.
	Pierres argilleuses.							Feld Mica ... en paillettes.	Dans les roches granitiques de...	Avec les Grenats, Quartz, ...	(*) On a trouvé depuis peu dans les roches granitiques de Bourgogne, une modification de ces hexagone régulier. Ce sont

VII.	4. TOPAZE DU BRÉSIL.	Inconnue.	34.364.	14.	Octaèdre rhomboïdal à plans triangulaires isocèles, dont les pyramides sont séparées par un prisme rhomboïdal de 110° à 60°.	Pl. V, fig. 19 & suiv.	À un certain degré de feu sa couleur prend de l'intensité; si l'on vend qu'on croyant prise pour Rubis du Brésil.	Identique avec le Rubis du Brésil, le Saphir du Brésil & la Topaze blanche du Brésil. Chatoyantes du Brésil.	Dans les roches ferrugineuses primitives du second Ordre.	Avec les Diamant, l'Emeraude & Schorl ou Tourmaline verte du Brésil.	Cette gemme a du rapport avec les Schorls & Tourmalines par les stries longitudinales de son prisme; mais elle n'est point fusible sans addition, comme les Gemmes du second Ordre.
	5. EMERAUDE DU PÉROU.	Inconnue.	27.755.	12.	Prisme hexaèdre tronqué net à ses extrémités, 110°.	Pl. IV, fig. 18, 100, &c.	Ne se vitrifie point, mais se fendille au feu. Se fond par l'intermède de l'acide phosphorique minéral.	Identique avec la Chrysolithe du Brésil & avec l'Aigue-marine ou Béril de Sibérie, de Saxe, &c.	Dans les roches granitiques d'Asie, d'Amérique, de Saxe & de France.	Avec les Feld-Spath, Schorl & Mica, le Spath calcaire primitif, la Sélénite, &c.	Celles qui sont mélangées de molécules hétérogènes, argileuses ou calcaires, donnent différemment des étincelles avec le briquet; d'autres renferment des Marcassites, du Cristal d'étain, &c.
	6. TOPAZE DE SAXE.	Inconnue.	35.640.	13.	Octaèdre prismatique rectangulaire à sommets cunéiformes, angles de 92° & 113°.	Pl. III, fig. 77 & suiv.	Se change en émail blanc à un degré de feu très-violent.	Identique avec la Chrysolithe de Saxe. Quelquefois blanche & sans couleur.	Dans les roches granitiques de Saxe & de Bohême.	Avec le Quartz & les Cristaux d'étain.	La Topaze de Saxe est souvent sans couleur & parfaitement diaphane, d'autres fois elle est opaque & d'un blanc mat.
VIII.	7. CHRYSOLITE OU II. ORDRE.	Inconnue.	32.989.	10.	Prisme hexaèdre, ou hexadécaèdre par la troncature de ses arêtes, terminé par deux pyramides à plans triangulaires isocèles, de 90° & 65°.	Pl. VI, fig. 15 & suiv.	Très-réfractaire. Les stries de son prisme sont longitudinales.	Chrysolite blanche. Chrysolite en grains.	En Espagne & en France dans les roches primitives, & dans les basaltes volcaniques.		
	1. GRENAT.	Inconnue.	41.868.	12.	Dodécaèdre à plans rhombes de 70° & 110°.	Pl. IV, fig. 105 & suiv.	Souvent attirable à l'aimant. Fusible sans addition.	Grès granatique. Grenat blanc des volcans.	... feuilletées primitives du second ordre.	Le Feld-spath, le Quartz, le Mica, le Schorl, les Sélénites & Serpentines.	... convertis en argile blanche par la réaction des acides.
	2. TOURMALINE OU SCHORL.	Inconnue.	30.541.	10.	Parallélipipède rhomboïdal très-comprimé: angle du sommet 137°, jonction des bases 43°.	Pl. IV, fig. 89 & suiv.	La plus électrique de toutes les pierres. Varie beaucoup dans sa forme, & très-souvent en long prisme.	Le Péridot de Ceylan. L'Emeraude ou Péridot du Brésil. La Pierre de touche. Le Trapp des Suédois.	Dans les Granites & les roches feuilletées primitives du second Ordre: souvent rejetté par les volcans.	Avec les substances précédentes, & les antiques produits des volcans.	Passe à l'état d'argile blanche comme le Grenat: les Schorls argileux sont plus ou moins tendres, & sont quelquefois désignés sous le nom de Roche de Corne. Le Hornblende des Allemands n'est qu'un Schorl feuilleté, commun dans les Granites.
IX.	FELD-SPATH.	Inconnue.	24.312.	9.	Prisme rhomboïdal rectangulaire ayant 2 plans parallèles, inclinés sur le prisme de 65: angles obtus 115°.	Pl. IV, fig. 8 & suiv.	Tissu lamelleux, qui le rend chatoyant. Fusible sans addition. Etincelle sous le briquet; mais moins que le quartz.	Petuntzé des Chinois. Œil de chat. Pierre de Labrador.	Principale base des Granites. Disséminé dans les Porphyres & dans les roches feuilletées.	Avec les compagnons du Granite, les Jaspes, les Sélénites; & dans les produits des anciens volcans.	Passe en le décomposant à l'état d'argile blanche réfractaire, dite Kaolin; c'est donc le principal ingrédient de la porcelaine, puisqu'il y entre à l'état pierreux sous le nom de Petuntzé, & à l'état argileux sous celui de Kaolin.
X.	PIERRES ARGILEUSES										
	1. MICA.	Inconnue.	29.542.	4.	Lame hexagone régulière. Angle 120°(*).	Pl. IV, fig. 23.	Se vitrifie à un feu violent, & corrode le creuset.	Fer de Moscovie en paillettes, dit or ou argent de chat.	Dans les roches granitiques du premier Ordre.	Avec les Grenat, Quartz, Schorl, Feld-Spath, &c.	(*) On a trouvé depuis peu dans les roches granitiques de Bretagne, une modification de ces hexagones réguliers. Ce sont des lames rhomboïdales de 60° à 120°.
	2. AMIANTE.	Inconnue.		2.	Filets plus déliés, soyeux, flexibles & doux au toucher.		N'est incombustible qu'à un feu médiocre.	Liège ou Cuir de montagne. Asbeste.	Dans les roches primitives du second Ordre.	Les Sélénites & Serpentines, le Cristal d'Islande, le Quartz.	L'Amiante n'est qu'une cristallisation indéterminée de la Serpentine; il tient aux Schorls par l'Asbeste.
	3. TALC OU STÉATITE.	Inconnue, à la magnésie près.			Même forme cristalline que le Mica.	Pl. IV, fig. 23.	Gras au toucher. Donne une frase qui ronge le creuset.	Serpentine, Stéatite. Pierre Ollaire. Molybdène. Argiles primitives.	Dans les roches primitives du second Ordre.	Le Grenat, le Schorl, le Fer oxidulé, le Cristal d'Islande, le Quartz, &c.	Altéré par le feu prend le nom de Talve; alors il a perdu son onctuosité. Passe avoir beaucoup d'affinité avec la Molybdène, qui présente la même forme cristalline.

APPENDICE.

PIERRES COMPOSÉES.

§. I. ROCHES MÉLANGÉES FORMÉES PAR CRISTALLISATION.

A. Gneiss.
B. Porphyre & Serpentine.
C. Roches feuilletées granitoïdes.
D. Roches granitoïdes. Variolites.
E. Marbres mélangés primitifs.

1.) Constituent les Montagnes les plus anciennes, 2.) ou du premier Ordre. 3.) Constituent les Montagnes primitives du second Ordre, ou d'une formation subséquente 4.) 5.) aux Gneiss & Porphyres.

Le Fer, & quelquefois l'Etain sont les seuls métaux qui s'y rencontrent; mais jamais minéralisés par le soufre. — Les Mines sulfureuses & orientales résident principalement dans les fentes ou filons de ces montagnes.

§. II. ROCHES MÉLANGÉES FORMÉES PAR TRANSPORT ou PAR INFILTRATION.

A. Brèches calcaires ou proprement dites.
B. Marbres coquilliers. hamachelles.
C. Brèches dures.
D. Brèches mixtes.
E. Brèches en Cailloux roulés. Poudingues.

1.) 2.) Font partie des Montagnes marines ou secondaires. 1.) 2.) Font partie des Montagnes tertiaires.

Les Mines en couches horizontales. Les mines de Mercure: les Hématites. (Les Mines de Cuivre & de Fer terreuses ou de transport. Les Mines en grains.

§. III. ROCHES MÉLANGÉES FORMÉES PAR DÉPÔTS NON CRISTALLISÉS.

A. Charbon de terre. Bois fossiles, Jayet. Succin. — Repose sous les couches marines les plus anciennes.
B. Argiles & Schistes argileux. — Dans les pays tertiaires.
C. Schistes marneux & marnes. — Parmi les couches marines.
D. Couches terreuses & sablonneuses. — Dans les Montagnes tertiaires.
E. Produits volcaniques. — Sur les confins des Montagnes primitives du second Ordre & des Montagnes secondaires.

Le Bitume de Judée, l'Asphalte & le Pétrole sont des sublimations naturelles du charbon de terre par les feux souterrains. Ce sont des substances végétales enfouies par des révolutions locales. Les Poissons pyriteux & les Marcassites filoreuses, les Empreintes de fougères, &c. Supérieurs aux Schistes argileux des Montagnes secondaires. Les Glaises ou Argiles de transport, les Marnes; Sables de transport; les Bois pyriteux; les Silex & les Pétrosilex. Souvent entremêlés de couches marines contemporaines.

TABLEAU MINÉRALOGIQUE

OU DES SUBSTANCES MÉTALLIQUES, ET DEMI-MÉTALLIQUES,

Pour servir de suite à la Cristallographie de M. DE ROMÉ DELISLE, 1783.

NOMS des SUBSTANCES.	A. A L'ÉTAT MÉTALLIQUE ou DE RÉGULE.	PESANTEUR spécifique.	FORME Cristalline.	B. EN MINE ANCIENNE. Minéralisateur, le Soufre ou l'Arsenic.	FORME CRISTALLINE déterminée.	C. PLANCHES de la Cristallographie.	EN MINE SECONDAIRE. Minéralisateur, l'acide méphitique ou l'acide igné, & quelquefois l'acide marin, &c.	FORME CRISTALLINE déterminée.	D. PLANCHES de la Cristallographie.	A L'ÉTAT SALIN DISSOLUBLE DANS L'EAU.	E. EN MINE TERTIAIRE ou DE TRANSPORT.
ARSENIC.	1. Régule d'arsenic natif ou artificiel.	85,68.	Octaèdre octaniforme.	1. Mine d'Arsenic blanche, ou Pyrite arsenicale. Mispickel des Allemands. 2. Mine d'Arsenic grise, ou Pyrite d'Orpiment.	Prisme rhomboïdal. Inconnue.	Pl. VII, fig. 2 & 10.	4. Rubine d'arsenic ou Réalgar natif. 5. Orpiment ou Orpin natif.	Octaèdre rhomboïdal. Lamelleuse.	Planche VII, fig. 11. & suiv.	6. Arsenic blanc cristallin natif. Pesanteur spécifique, 90.12. Farine d'arsenic, 17.61.	N. B. On ne connoît point de mines de transport particulières dans les substances semi-métalliques, quelque la plupart des mines de fer en grains contiennent de la chaux de Zinc. Les pesanteurs & dureté spécifiques de la plupart des mines métalliques & semi-métalliques sont encore à déterminer; c'est pourquoi il n'en est pas fait mention dans ce Tableau. Enfin je n'ai pas cru devoir y faire entrer plusieurs substances métalliques de nouvelle ère, telles que le PLATINE, le NICKEL & le SPEISS, que je regarde comme des régules mixtes; ni les régules, encore peu connus, de la MANGANÈSE, de la MOLYBDÈNE, de la TUNGSTÈNE, du WOLFRAM, du STOÉNITE, du BAROTIN & du SATURNITE.
ANTIMOINE.	1. Régule d'Antimoine artificiel. Le natif ou inconnu.	47,00.	Le Cube ou l'Octaèdre.	2. Mine d'Antimoine blanche ou arsenicale. 3. Mine d'Antimoine grise ou sulfureuse. 4. Mine d'Antimoine grise testacée ou gemme.	Lamelleuse. Octaèdre rhomboïdal. Idem.	Pl. VII, fig. 13. N. VII, fig. 17.	5. Mine d'Antimoine en plumes. 6. Mine d'Antimoine rouge granuleuse, ou Kermès minéral natif.	Plumeuse. Granuleuse.		7. Vitriol blanchâtre d'Antimoine. S. qq. Desluign. meth. p. 271, n°. 41.	
ZINC.	1. Régule de Zinc artificiel. Natif inconnu.	70,00.	L'Octaèdre en dodécaèdre.	1. Blende ou Mine de Zinc sulfureuse.	Octaèdre & Tétraèdre.	Pl. III, fig. 1. & Pl. I, fig. 27.	3. Calamine ou Pierre calaminaire. 4. Manganèse. Sa pesanteur spécifique est de 68,50.	Octaèdre prismatique. Prisme rhomboïdal.	Pl. III, fig. 57. Pl. VII, fig. 4.	5. Vitriol de Zinc. Sa forme est en octaèdre rhomboïdal. Pl. V, fig. 10.	
BISMUTH.	1. Régule de Bismuth natif ou artificiel.	97,00.	Le Cube ou l'Octaèdre.	2. Mine de Bismuth arsenicale. 3. Mine de Bismuth sulfureuse.	En dendrites. Lamelleuse & Aiguë.		4. Mine de Bismuth solidiforme.	En masse informe.	On en a trouvé depuis peu sous tion ou cristallin dans la mine de Saxe.	Son vitriol natif est inconnu.	
COBALT.	1. Régule de Cobalt artificiel. Natif inconnu.	62,02.	Le Cube ou l'Octaèdre.	2. Mine de Cobalt arsenicale. 3. Mine de Cobalt arsenico-sulfureuse. 4. Mine de Cobalt sulfureuse. 5. Kupfernickel.	Cube lisse. Cube strié. Inconnue. Inconnue.	P. II, fig. 1. Ibid. fig. 17.	6. Mine de Cobalt en efflorescence ou fleurs de Cobalt.	Octaèdre rhomboïdal.	Pl. VII, fig. 33.	7. Vitriol de Cobalt & de Nickel. Pl. VII, fig. 34.	N. B. Les Kupfernickels de Biber en Hesse & d'Allemont en Dauphiné donnent de l'or par l'analyse.
MERCURE.	1. Vierge ou coulant, & revivifié du Cinabre.	135,93.	En dendrites par le froid.	2. Mine de Mercure sulfureuse, ou Cinabre natif.	Tétraèdre régulier.	Pl. I, fig. 1 & 36.	3. Mercure doux natif, ou mine de Mercure cornée. 4. Précipité per se natif.	Prismatique rhomboïdale. Masse informe.	Pl. VII, fig. 35.	Son vitriol natif est inconnu.	N. B. On trouve quelquefois des amalgames natifs d'Or, d'Argent, ou de Bismuth.
FER.	1. Malléable natif & des fourneaux. 2. A l'état métallique non malléable, ou Éthiops martial natif.	77,80.	Le Cube ou l'Octaèdre. Toujours en dendrites.	3. Mine de fer grise ou Spéculaire. 4. Pyrite martiale ou Marcassine. 5. Wolfram. Sa pesanteur spécifique est de 71, 19.	Cube modifié. Cube ou octaèdre. Inconnue.	Pl. II, fig. 34. Pl. II, fig. 1, 17, &c.	6. Mine de fer brune ou hépatique. 7. Hématite ou Sanguine. 8. Mine de fer spathique.	Comme la Pyrite martiale. Fibreuse. Rhomboïdale.	Pl. II, fig. 1, 17. Pl. IV, fig. 1.	9. Vitriol martial. Sa forme est un parallélipipède rhomboïdal. Pl. IV, fig. 4.	10. Ocre martiale. 11. Mine de fer en globules ou de transport.
CUIVRE.	1. Natif & des fourneaux.	87,84.	Le Cube ou l'Octaèdre en dodécaèdre.	2. Mine jaune de Cuivre. 3. Mine de Cuivre grise tenant argent: Fahlerz des Allemands.	Le Tétraèdre. Idem.	Pl. I, fig. 1. Ibid.	4. Mine de Cuivre vitreuse rouge. 5. Mine de Cuivre hépatique ou violette azurée. 6. Azur de Cuivre.	L'Octaèdre aluminiforme. Inconnue. Octaèdre prismatique.	Pl. III, fig. 1. Pl. VII, fig. 1.	8. Vitriol de cuivre: parallélipipède rhomboïdal Pl. IV, fig. 70.	9. Bleu & vert de montagne. Pierre Arménienne. Turquoise.

	A.			B.			C.			D.	E.
NOMS des SUBSTANCES.	A L'ÉTAT MÉTALLIQUE ou DE RÉGULE	PESANTEUR spécifique.	FORME Cristalline.	EN MINE ANCIENNE. Minéralisateurs, le Soufre ou l'Arsenic.	FORME CRISTALLINE déterminée.	PLANCHES de la Cristallographie.	EN MINE SECONDAIRE. Minéralisateur, l'acide méphitique ou l'acide igné, & quelquefois l'acide marin, &c.	FORME CRISTALLINE déterminée.	PLANCHES de la Cristallographie.	A L'ÉTAT SALIN DISSOLUBLE DANS L'EAU.	EN MINE TERTIAIRE ou DE TRANSPORT.
ARSENIC.	1. Régule d'arsenic natif ou artificiel.	83,08.	Octaèdre aluminiforme.	2. Mine d'Arsenic blanche, ou Pyrite arsenicale. Misspickel des Allemands. 3. Mine d'Arsenic gris, ou Pyrite d'Orpiment.	Prisme rhomboïdal. Inconnue.	Pl. VII, fig. 4 & 10.	4. Rubine d'arsenic ou Réalgar natif. 5. Orpiment ou Orpin natif.	Octaèdre rhomboïdal. Lamelleuse.	Planch. VII, fig. 11. & suiv.	6. Arsenic blanc cristallin natif. Pesanteur spécifique, 50,02. Farine d'arsenic. 37,6.	N. B. On ne connaît point de mines de transport particulières dans les substances semi-métalliques, quoique la plupart des mines de fer en soient sans doute de la classe de Zinc. Les pesanteurs & duretés spécifiques de la plupart des mines métalliques & semi-métalliques sont encore à déterminer; c'est pourquoi il n'en est pas fait mention dans ce Tableau. Enfin je n'ai pas cru devoir y faire entrer plusieurs substances métalliques que je nouvelle dite, telles que le PLATINE, le NICKEL & le SPEISS, que je regarde comme des régules mixtes, ni les régules, encore peu connus, de la ...
ANTIMOINE.	1. Régule d'Antimoine artificiel. Le natif est inconnu.	47,00.	1. Cube ou l'Octaèdre.	2. Mine d'Antimoine blanche ou arsenicale. 3. Mine d'Antimoine grise ou sulfurée. 4. Mine d'Antimoine grise tenant argent.	Lamelleuse. Octaèdre rhomboïdal. Idem.	Pl. VII, 15. Pl. VII, fig. 17.	5. Mine d'Antimoine en plumes. 6. Mine d'Antimoine rouge granuleuse, ou Kermès minéral natif.	Fibreuse. Granuleuse.		7. Vitriol blanchâtre d'Antimoine. Sagé Descript. méth. p. 271, n° 41.	
ZINC.	1. Régule de Zinc artificiel. Natif inconnu.	-- --	L'Octaèdre ou le cube.	2. Blende ou Mine de Zinc sulfureuse.	Octaèdre & Tétraèdre.	Pl. III, fig. 1.	3. Calamine ou Pierre calaminaire.	Octaèdre aciforme.	Pl. III, fig.		N. B. On trouve...
MERCURE.	1. Vierge ou coulant, & revivifié du Cinabre.	135,93.	En dendrites par le froid.	2. Mine de Mercure sulfureuse, ou Cinabre natif.	Tétraèdre régulier.	Pl. I, fig. 1. & 36.	3. Mercure doux natif, ou mine de Mercure cornée. 4. Précipité perse natif.	Prismatique rhomboïdale. Masse informe.	Pl. VII, fig. 35.	Son vitriol natif est inconnu.	N. B. On trouve quelquefois des amalgames natifs d'Or, d'Argent, ou de Bismuth.
FER.	1. Malléable natif & des fourneaux. 2. A l'état métallique non malléable, ou Ethiops martial natif.	77,80.	Le Cube ou l'Octaèdre. Toujours octaèdre.	3. Mine de fer grise ou spéculaire. 4. Pyrite martiale ou Marcassite. 5. Wolfram. Sa pesanteur spécifique est de 71, 19.	Cube modifié. Cube ou octaèdre. Inconnue.	Pl. II, fig. 34. P. II, fig. 1, 17, &c.	6. Mine de fer brune ou hépatique. 7. Hématite ou Sanguine. 8. Mine de fer spathique.	Comme la Pyrite martiale. Fibreuse. Rhomboïdale.	Pl. II, fig. 1, 17. Pl. IV, fig. 1.	9. Vitriol martial. Sa forme est un parallélipipède rhomboïdal. Pl. IV, fig. 4.	10. Ocre martiale. 11. Mine de fer en globules ou de transport.
CUIVRE.	1. Natif & des fourneaux.	87,64.	Le Cube ou l'Octaèdre en dendrites.	2. Mine jaune de Cuivre. 3. Mine de Cuivre grise tenant argent; Fahlerz des Allemands.	Le Tétraèdre. Idem.	Pl. I, fig. 1. Ibid.	4. Mine de Cuivre vitreuse rouge. 5. Mine de Cuivre hépatique ou violette azurée. 6. Azur de Cuivre. 7. Malachite.	L'Octaèdre aluminiforme. Inconnue. Octaèdre prismatique. Fibreuse.	Pl. III, fig. 1. Pl. VII, fig. 1.	8. Vitriol de cuivre: parallélipipède rhomboïdal Pl. IV, fig. 10.	9. Bleu & vert de montagne. Pierre Arménienne. Turquoise.
PLOMB.	1. Natif & des fourneaux. (L'existence des plombs natif est encore douteuse).	113,25.	L'Octaèdre en dendrites.	2. Galène ou mine de plomb sulfureuse.	Le Cube & l'Octaèdre aluminiforme.	Pl. II & III, fig. 1.	3. Mine de plomb blanche. 4. — Verte. 5. — Rouge. 6. — Noire.	Prismatique hexaèdre. Rhomboïdale. Prisme hexaèdre.	Pl. VI, fig. 46. Pl. VII, 33. Pl. IV, fig. 18.	Son vitriol natif est inconnu.	-. Mine de Plomb terreuse. Galène de transport; Céruse, Massicot & Minium natifs.
ETAIN.	1. Natif & des fourneaux.	74,71.	L'Octaèdre en dendrites.	2. Cristaux d'étain blancs. — Rouge ou noir.	Octaèdre aluminiforme. Octaèdre turbiné.	Pl. III, fig. 1. Ibid. fig. 25.	3. Mine d'Etain mamelonnée ou en stalactites; Hématite d'étain.	Fibreuse.		N. B. On ne connaît point d'étain minéralisé par le soufre, ni par l'arsenic.	4. Sable d'Etain.
ARGENT.	1. Natif & des fourneaux.	104,74.	Le Cube ou l'Octaèdre.	2. Mine d'argent vitreuse. 3. Mine d'argent rouge. 4. Mine d'argent blanche antimoniale.	Cube ou Octaèdre. Rhomboïdale. Prismatique.	Pl. II & III, fig. 1. Pl. VII, fig. 26, Pl. IV, fig. 18.	5. Mine d'Argent cornée ou Lune cornée. 6. Mine d'Argent noire. La mine d'argent en crins est une mine de cuivre tenant argent, & la mine d'Argent mords-de-soie...	Le Cuivre.	Pl. II, fig. 1.		Gangues terreuses ou pierreuses tenant argent.
OR.	Natif & de Coupelle.	191,52.	l'Octaèdre en dendrites.	2. Mine d'or sulfureuse ou Pyrite aurifère.	Le Cube lisse ou strié.	Pl. II, fig. 1 & 17.	On ne connaît point d'or en mine secondaire.			N. B. Je ne place point la Platine dans ce Tableau, parce que son état naturel nous est encore inconnu.	3. Terres & Sables aurifères.

www.ingramcontent.com/pod-product-compliance
Ingram Content Group UK Ltd.
Pitfield, Milton Keynes, MK11 3LW, UK
UKHW021203220726
13924UKWH00003B/1301